"职（场）校（园）衔接"系列

初入职场

怎么办

主 编 鲍丽山

中国水利水电出版社
www.waterpub.com.cn
·北京·

内 容 提 要

本书是青年员工职业发展辅导服务平台“职辅宝”专家团队结合日常辅导中收集的信息，从成长、关系和生活三方面，系统梳理形成的职场人常见问题和困惑，并给出了相应的参考建议，旨在帮助职场青年做到早知晓、善分析、巧处理、少踩坑，把自己的职场之路走得更好、更顺！

本书可以作为高校毕业生入职前的学习用书、单位新员工入职的培训用书，也可以作为职场青年员工手头的“字典”，还可以作为各级干部管理、辅导青年员工的必备参考手册，在需要的时候翻阅。

图书在版编目（CIP）数据

初入职场. 怎么办 / 鲍丽山主编. -- 北京 : 中国水利水电出版社, 2023.2(2023.9重印)
（“职（场）校（园）衔接”系列）
ISBN 978-7-5226-1147-1

Ⅰ. ①初… Ⅱ. ①鲍… Ⅲ. ①成功心理－通俗读物 Ⅳ. ①B848.4-49

中国版本图书馆CIP数据核字(2022)第243484号

书　　名	“职（场）校（园）衔接”系列 **初入职场：怎么办** CHU RU ZHICHANG: ZENME BAN
作　　者	主编　鲍丽山
出版发行	中国水利水电出版社 （北京市海淀区玉渊潭南路1号D座　100038） 网址：www.waterpub.com.cn E-mail：sales@mwr.gov.cn 电话：（010）68545888（营销中心）
经　　售	北京科水图书销售有限公司 电话：（010）68545874、63202643 全国各地新华书店和相关出版物销售网点
排　　版	中国水利水电出版社微机排版中心
印　　刷	河北鑫彩博图印刷有限公司
规　　格	145mm×210mm　32开本　5.375印张　115千字
版　　次	2023年2月第1版　2023年9月第2次印刷
印　　数	5001—8000册
定　　价	**66.00**元

凡购买我社图书，如有缺页、倒页、脱页的，本社营销中心负责调换

本书编委会

顾　问：倪　春　沈红宇　蒋金芳　张登楼　屠云芬　俞文祝
罗　慧　王丽峰　李志杰　石贤芳　朱　红　张　乐
曹　晖　张晓东　汪　庆　杨志强　李云鹏　王国章
徐晓春　孙建平　陈晓东　赵志宇　张　歆　李　红

主　编：鲍丽山

编写组

组　长：汪　庆　杨志强　李云鹏

副组长：邓　沙　陈　茗

成　员（按姓氏拼音排序）：

卞正达　陈玉婷　丁　维　杜　钰　范力莱　符士侃
何明君　黄　頔　姜　婧　贾　婷　李　红　李士垚
李卓航　刘晓林　刘　帅　浦　挺　强梦烨　沈哲敏
孙　璐　孙卓己　王智慷　王　伟　吴亚鹏　杨大炜
姚　鑫　张　荟　张　静　张思航　张　引　赵新宇
朱伟嘉

审　稿：蒋金芳　屠云芬　俞文祝　李志杰　封　波　姜黎莉

目录

CONTENTS

第 2 章 关系篇

第 1 章

成长篇

1. 初入职场不知道该注意什么，怎么办？

参考场景：小新在学校学习成绩优异，备受老师爱护、同学尊重，但很少考虑学习之外的事情，缺乏对未来职场的了解。初入职场，环境改变，一切从头开始，小新不知道工作中需要注意哪些问题，他该怎么办？

参考意见：在职场，“成绩”仍然是最重要的，只是这里的成绩指的是“业绩”。除了做事，还要注意做人。

（1）谦虚为人。初入职场，小新需要始终保有初学者的心态，谦虚向周围人请教，让自己快速融入团队、快速提升能力。

（2）保持热情。兴趣是最好的老师，小新要学会调整心态，对工作始终保有激情，在一次次小的进步中收获成功的喜悦。在工作中保持热情很容易感染别人，让别人愿意指导、帮助自己。

（3）加强学习。只有不断学习，才能跟上时代步伐，提升自身竞争力、话语权，像在学校那样赢得领导信任和同事尊重。

（4）注意细节。细节决定成败，细节影响着新人在职场的很多方面，小新在入职之初尤其要关注好细节，给领导和同事留下好的“第一印象”。

推荐阅读本书的姐妹篇《初入职场：怎么看　怎么想　怎么干》，它会告诉你初入职场应知应会的知识。

2. 希望获取专业渠道和优质资源以迅速提升能力，怎么办？

参考场景：小新在学校的学习目标很单一、明确，进入职场后，需要学习的东西突然变得很多。小新想找到优质的渠道和资源快速提升个人能力，他该怎么办？

参考意见：管理学将人的能力划分为概念技能、人际技能和技术技能三个方面。根据每个人在组织中的层级不同，三方面能力的比重也各不相同。对小新这样的职场新人来说：最重要、最紧迫的是迅速提升专业技术技能、提升业务技能；人际技能主要包括职场的基本素养和人际关系方面的能力；概念技能占比较小，我们暂且不做分析。

（1）立足组织需要，夯实基础。建议首先了解单位要求我们掌握的基本内容，包括工作的基本原则、基础理论、基本规范等。学习的渠道和资源主要是单位给新人准备的入职培训资料包、线上资源库（包括系统、网站、APP、公众号等）、线下资料库（包括制度标准、规程规定、专项报告、专业资料等）。

（2）学习前辈经验，事半功倍。用心向领导、同事或身边专家学习，他们的言传身教，可以快速带领小新“入门”“入行”。大多数单位会给新员工指定一至两名师父作为职场领路人，新员工要把握好机会，多向师父请教，主动学习师父的知识、经验、能力，比如学习一件事该怎么做，多请师父指点，借助高质量的反馈改进、提升，比如了解这件事自己做的怎么样；自身也要多反思，寻找值得坚持的、需要改进的点，在反思中进步。

（3）借助各种渠道，提升自我。现在是个信息极其丰富的时代，对于如何提高职场素养、改善人际关系等方面的指导，甚至一些概念技能方面的知识，都可以在网上找到。需要系统性学习，可以找付费资源，如书籍、网课、线下课、训练营等，推荐阅读本书的姐妹篇《初入职场：怎么看　怎么想　怎么干》；碎片化学习，可以看一些优质的网站、公众号、APP、微信小程序、微信视频号推荐的观点和文章。

3. 想快速提升业务能力，怎么办？

参考场景： 小新是今年刚入职的一名新员工，他希望在业务能力上能快速提升，或者从某个角度出发，能使工作达到事半功倍的效果，该怎么办？

参考意见： 业务学习、能力提升需要循序渐进，没有捷径可走，但是有好的方法可以参考，比如善用底层逻辑，学习的效率和质量就会大幅提升。

（1）压强原理。压强是指物体单位面积上受到的压力，用来表示压力产生的效果。压强越大，压力作用的效果越明显。在受力面积不变的情况下增加压力或在压力不变的情况下减小受力面积，压强就会增大；在受力面积不变的情况下减小压力或在压力不变的情况下增大受力面积，压强就会减小。所以想在业务能力上快速提升，就要努力增大在业务上的“压强”，可以通过增加精力投入（增加压力），或者聚焦需要提升的业务点（减少面积）。精力的增加空间有限，要想让努力形成的压强尽可能大，更主要的还是在业务切入的点上聚焦、聚焦再聚焦。

（2）三叶草模型。这个模型教我们怎么去识别那些值得优先提升的业务点，主要是找工作需要（有价值、需要做）、能力具备（有能力、可以做）和个人兴趣（有兴趣、想去做）的交集，能力具备可以是当前已经具备了这个能力，也可以是虽然还不具备但是有条件具备的。如果三个方面的交集找不到，就找前两个的交集，然后慢慢把这个交集发展成个人兴趣。这个点不能大，大了“压强”就会减小。

（3）站在巨人的肩膀上。我们切记要学会在前人已有的成果上更进一步，效率会提高很多倍。切忌从头开始、从零开始，自己去琢磨。这个巨人，可以是有形之人，比如身边的领导、专家和师父；也可以是无形之人，比如专业的图书、音视频资料，成功的案例，以及更好的模型、模板、创意、提法等，都是值得认真学习的。

（4）复盘和总结。学以致用后，应该不断复盘总结，包括学习的内容、对工作的帮助、运用的场景、存在的不足等。复盘总结后可以进一步改进提升自己的业务能力。

4. 不敢请教问题，怎么办？

参考场景：小新是一名刚入职的新员工，害怕做错事，遇到不明白的问题又不好意思开口问。感觉自己想问的问题很多，每项工作都有“十万个为什么”，问多了又担心被嘲笑，他该怎么办？

参考意见：“职场新人”是每个职场人必经的阶段，在工作中都可能遇到这样的担忧：工作没上手或遇到瓶颈时，对自己缺乏自信，害怕领导提问，害怕领导责怪，害怕因为总问问题而被嫌弃等，可以从以下方面进行改进：

（1）摆正工作心态。领导最怕平时没什么表态和反馈、默默把工作搞糟的人。敢于提问至少说明在努力做事、对工作有负责任的态度。尤其是专业人员，如果不提问、不反馈、不暴露，团队负责人无法实时掌握新员工理论和技能的真实水平，也无法有针对性地开展下一步培训，更无法安排现阶段和你能力相匹配的工作。

（2）积极思考问题。思考问题时要主动查阅资料，了解基本的业务知识和应用案例；多向有经验的老同事请教，加深对知识的理解，不可以自己都没有研究思考就把领导或前辈当作“答题机”，不仅显出你做事不动脑子也不尊重别人。只有你反复思考查证都不能解决时的提问才会帮助你记忆、理解、提高，慢慢地你会发现你提出的问题越来越有“含金量”、越来越“有水平”，业务上也会很快提高。

（3）多对别人有贡献。在请教与反馈的过程中，没有人喜欢没有任何贡献、一味索取的人。我们在请教前要做好充分的准备，通过诸如 6W2H、5M1E、SMART、5Why 等等成熟的模型，多设问、多思考、多分析、多比较、多列答案、多找案例；多为领导和同事提供信息；多让领导和同事做选择题、判断题，少做问答题。别人发现与你的讨论有意思、有收获，自然会愿意跟你讨论、交流，以共同成长。

（4）学会换位思考。职场中每个人，尤其是有知识、有经验的人，往往都比较忙，因此要多站在对方的角度，尽量少打扰别人。集中问题并选择合适的时间提高，既体现了你对别人的尊重也表现出你的素养。多向不同的领导、前辈请教，请教完后及时表达感谢，让对方感受到自己对 Ta 的尊重，加深同事关系。

5. 想在团队中获得竞争优势，怎么办？

参考场景：小新所在团队的同事虽然工作性质、工作内容略有差异，但彼此能力和贡献都差不多。小新想在团队中获得竞争优势，该怎么办？

参考意见：优势背后体现的是知识、技能和才干。你擅长的，并且总能做好的事情，体现的就是你的优势。

（1）胜任本职。用心钻研业务，努力提升解决问题的能力，最好能达到一定水准，在专业领域独当一面、小有名气，树立个人的专业品牌和口碑，让领导觉得把事情交给你办很放心。

（2）乐于奉献。在力所能及的情况下主动多承担、多担当，勇于在急难险重任务的实战中历练能力、积淀业绩，成为单位和同事信任的人，让同事觉得有你在就安心。

（3）积累人脉。工作之外，注意积累在团队中的正能量人脉，建立友爱、信任、被推崇的周边关系。对获得竞争优势而言，“看得见”的能量有时候比“看不见”的能力更重要。

6. 想在定岗考试中取得好成绩，怎么办？

参考场景： 时间过得真快，眼看就要定岗。入职以后，小新努力想尽快融入单位，每天早早到单位，认真做好每项领导安排的工作，因此领导和同事都比较满意。小新想在接下来的定岗考试中取得好成绩，为自己这段时间的努力画上一个圆满的句号。他该怎么办？

参考意见： 要想在考试考核考评中取得好成绩，首先要了解考试的规则，考什么、怎么考、怎么比、结果怎么应用等，然后有针对性地下功夫、做准备。按照惯例，新入职员工经过试用考察期后，要进行定岗考试，依据考试结果和平时表现综合加权，形成试用考察期的考核成绩，作为员工定岗的重要参考，并记入个人成长档案。各单位具体的考核内容和形式不一定相同，可以向本单位人资部门咨询。另外，定岗考试是每年的例行考评，可以向周围的前辈咨询了解，做好相应准备。

7. 担心答辩时紧张，怎么办?

参考场景: 小新过几天要参加一个答辩。一想起这件事，心里就特别紧张。小新一向不擅长在公开场合讲话，紧张起来思绪会被打乱，说话也就不连贯，想说的说不出来。小新很想改变这种状况，之前努力过好多次，效果一般。他该怎么办?

参考意见: 答辩本质上是一次沟通过程。人们或多或少都有这样的经历，很多人在家里说话滔滔不绝、头头是道，但在陌生场合却木讷无语、结结巴巴。究其根本原因，前者是非常熟悉的地方、熟悉的人，安全感十足，可以无拘无束、无所顾忌；后者是不熟悉的地方、陌生的人，安全感不足，让人拘谨拘束、不敢说不会说。所以，针对沟通问题，我们要做的，就是尽可能熟悉答辩的程序、内容、环境，以及参与的人，增加“熟悉度”，降低“陌生感”，效果自然会改善。

（1）精心准备。提前了解答辩程序、方式，有针对性地准备内容、资料、道具，甚至“打下手”的伙伴。内容要烂熟于心，知识点、论点、论据、数据尽可能有逻辑地串起来，不仅仅是让评委和听众听得明白，更主要是能给自己的答题思路建立一个清晰的索引。尽可能了解答辩专家的专业背景、个人风格，针对答辩内容做预想，审视内容，准备书面的答辩词辅助记忆，防止出现“断片”情况。

（2）提前模拟。如果答辩很重要，最好能到答辩现场进行模拟，适应场地气氛，熟悉设备；做不到的话，在力所能及的范围内找合适场所进行答辩模拟。模拟时，先全过程模拟，再聚焦重点环节做特别训练，刻意练习，提升应对能力。

（3）复盘提升。多参加类似活动或者多观看类似的视频、阅读相关的文章和书籍，通过学习借鉴别人的“间接经验”、复盘总结自己的“直接经验”，找到类似场景的基本规律、有用方式、适合自己的风格和控场的诀窍等。

8. 无法静心干活，怎么办?

参考场景： 小新岗位工作的重要内容是写材料，工作时间办公室人来人往加上各种其他事务需要处理，无法静心，经常需要加班，心情很沮丧。他该怎么办?

参考意见： 伏案工作，如果不能静心，确实比较烦躁，这也是很多文字工作者经常需要加班的主要原因之一。针对小新的困扰，主要从以下方面下功夫：

（1）主动隔离外部干扰。可以找一个无人打扰的环境，比如带上笔记本电脑到无人的会议室、安静的资料室等安心写作。或者通过佩戴耳塞、办公桌周围增加遮挡物等一些让自己舒适和放松的方法，让自己变得专心；甚至挂上譬如“正在安心写作，请勿打扰”的牌子，或者主动在部门工作群发布别人找自己的最佳时间点，把“流量”引到某些时间段。摘掉桌面电话，关闭手机短信、微信等应用的提示，减少一切不必要的干扰。切记的是，任何时候都不要把手机置于静音状态甚至关机，以防有重要事项无法联系到自己。

（2）主动降低自身干扰。根据自身的生理习惯，有意识地把琐碎的事情集中到某些“低效”时段，尽量留下整片“高效”时间沉浸下来伏案工作。你会发现一旦进入状态后，效率要远远高于利用碎片时间工作。

9. 岗位竞争与本职工作安排相冲突，怎么办？

参考场景： 上级组织拿出一些岗位公开招聘人员或挂职锻炼，小新觉得这是个好机会，自己各方面条件都符合要求，无论是招聘还是挂职都愿意争取，可是部门一直面临着人手不足、人员紧缺的问题，他该怎么办？

参考意见： 员工参加上级组织的内部招聘、挂职锻炼，原则上都应该得到本部门、本单位的同意，这条基本规则，既是尊重各级组织管人、用人权利的需要，也是维持组织系统正常运作的需要，因此小新如果想参与，必须首先经过本部门的同意。部门目前缺兵少将，领导同意或不同意都有可能，而且不同意的可能性更大，小新要有心理准备。

建议小新积极争取，主动找部门领导表明意愿，领导通常都会理解。如果小新确实优秀，大多数领导会尽量克服部门自身的困难，给年轻人提供一次登上更高更大舞台的机会；即使这次没能提供，也会在后续工作安排和发展机遇上给予适当的补偿。小新也可以表态，即使自己离开，在一定的期限内还可以适当兼顾一些本部门的工作，让领导决策的天平适当向自己这边倾斜。

如果部门不放行，小新也要放平心态，理解和服从领导的决定，毕竟部门的困难是实实在在的。在后续的工作中，要一如既往地努力，为下次机会的到来做好更加充分的准备。

10. 不想参加轮岗锻炼，怎么办？

参考场景： 小新经过几年的基层历练，业务上已经比较得心应手，单位考虑重点培养，准备推荐他到上级部门轮岗锻炼，征求小新的个人意见。小新也悄悄找身边的老同事打听，听说去轮岗会很辛苦，很多人轮岗锻炼回来并没有进一步的“说法”，浪费时间，还不如留在岗位努力，把业务能力再提升。小新有点犹豫，不知道该如何抉择。他该怎么办？

参考意见： 轮岗锻炼是组织提升人才培养质效的重要手段之一。对接受轮岗锻炼的人员本身来说，主要有“有用”和“无用”两方面的意义。所谓“有用”，更多的是我们常说的“功利”，包括看得见的发展机会增多、综合能力提升，以及与其他团队成员之间的人脉构建等等；所谓“无用”，更多的是有机会站在更高的平台上看问题、想事情，与更高层次的团队一起战斗、打拼，从事更高维度的业务、事业，个人在思维方式、眼界视野、胸怀格局等方面的受益匪浅。当然，轮岗锻炼，除了业务提升所带来的压力之外，角色的不平等也会带来额外的压力。同时，离开本单位、本岗位时间久，对原岗位工作业务也会有些耽搁，如果异地的话还有家庭、生活等方面的压力。

（1）审慎抉择。是否参加轮岗锻炼，本身没有绝对的对和错、好和坏之分，需要小新结合自身实际，把个人成长与组织需要结合起来，统筹兼顾各方面的情况，做出选择。在工作中多承担点责任、多给自己加点压力，有助于更好地成长发展。

（2）审慎应对。如果决定去，要提前做好各方面的充分准备，比如提前熟悉目标岗位的工作内容和要求，提前安排好手头工作以及家庭和生活方面的一些具体事项。如果不能去，要跟领导汇报自己的困难和想法，取得领导的理解。如果领导坚持让自己参加，也要放下个人的“小九九”，服从组织安排，用心投入到轮岗锻炼中。

11. 纠结是否参加在职学历学习，怎么办？

参考场景： 小新今年刚入职，本科学历，目前在纠结近几年要不要读在职研究生。他认为，自己刚毕业，所学知识还没忘，考试可能会更容易通过；但是刚入职，工作上也得多用心，职场初期对自己也很重要，难以抉择。他该怎么办？

参考意见： 小新想考在职研究生，关注点应该是认为自己的本科学历起点低了，想通过在职学习，更好地胜任工作，谋求更好的发展机会。

从职场学习来说，优先次序应该是先学习当下急需应用的知识和技能，在学有余力的基础上继续学习感兴趣的以及为未来储备的知识。初入职场，更重要的应该是抓紧时间学习业务知识，提高业务能力，尽快进入角色、适应工作、跟上组织和团队的节奏。如果把时间分散开来，既要读在职研究生，又要钻研业务，会很吃力，最后很可能两边都处理不好。

通常职场更看重员工的能力而非学历，在职研究生学习的更多是书本知识、理论知识，离实际的应用还有不少差距。小新虽然有双线作战的决心，但可以考虑先把时间和精力聚焦在工作上，努力把业务知识学扎实，把手头工作做得更好，这样对自己的工作成就感和职业发展提升可能会更好。

在职学习，更加鼓励“用以致学”，即工作中用什么就学什么，以提高工作能力、效率为主要目的。等在工作中站稳脚跟、得心应手了，有余力时再继续“充电”，那样会更从容。

12. 想申报职称，怎么办？

参考场景：小新还有一年多就具备申报中级职称的年限。每年职称申报时段，申报人员忙着整理各种资格和业绩的材料、办理审核手续，申报时基本上都形成厚厚一摞材料，感觉比对学校里的毕业答辩还重视。看得小新既羡慕又紧张，体会到职称的评定也不是一次就能顺利通过的，他想趁现在先准备起来。他该怎么办？

参考意见：职称是指专业技术人员的专业技术水平、能力以及成就的等级称号，是反映专业技术人员的技术水平、工作能力的标志。职称的级别一般分为正高级、副高级、中级、初级四个级别，有部分系列初级还分设为助理级和员级。

职称主要是对专业技术人才的品德、能力、业绩的评议和认定，其取得方式包括认定、评审、国家统一考试（以考代评）和职业资格对应等方式。其中：

（1）认定。认定指符合一定学历、工作经历和业绩的人员可以直接认定相应等级的职称。

（2）评审。评审是指已经经过初次职称认定的专业技术人员，在经过一定工作年限后，申报更高等级职称，须在专业期刊发表论文并且经过一些基本技能考试（如职称外语及计算机应用能力考试等），提交材料接受评审来确定其是否具备高一级职称资格。

根据各个行业和单位规模，评审还可分为“内部评审”和“社会评审”两种。

（3）“以考代评”。“以考代评”是指在全国已实施相应级别专业技术资格统一考试实行以考代评的系列，相关专业技术人员一律参加考试获得相应专业技术资格。

（4）职业资格对应是部分职业资格与相应等级的职称对应，取得某个等级的职业资格，就相当于取得了某个相应的职称。

不同级别的职称评定，还要咨询所在单位人资部门。下面以本书作者所在单位为例，简要介绍以下相关情况，供读者参考：

职称是对专业能力的评定，也是对过往一段时间工作业绩的整体检阅，确实是一件严肃的事情，要花大量的时间和精力去准备。取得中级职称一般有两种途径：硕士研究生及以上学历人员是认定制；本科及以下学历人员是评定制。基本条件都是专业工作年限以及业务能力、工作业绩符合相关要求。

认定制相对简单，提供一份经专业负责人签字认可、可证明自身专业工作能力和业绩水平的专业工作总结即可。

评定制相对复杂，结果由“业绩积分”与“考试成绩”加权总分确定。其中：“业绩积分”由专业理论水平（学历水平）、主要贡献（业绩、奖项等）、作品成果（论文、技术报告等）、水平能力（英语、计算机水平）、单位评价等确定。由于中级职称评定是积分制，因此提供的业绩越多，相应获得的积分也越多，申报人可根据自身情况提前准备；“考试成绩”主要是统一考试成绩，这要根据具体专业而定，不是每个专业都需要考试。

这就要求初入职场，首先要把日常工作做好，善于学习并对工作及业务情况进行总结，同时有意识培养提高自己的业务能力和创新意识。及时总结提炼工作成果、发表论文，认真准备水平能力考试（英语、计算机等）和统一考试。

13. 想发表论文、申请专利，怎么办？

参考场景： 近期单位发布专家事迹材料，小新发现专家们的共同特点是成果多、论文多、专利多。小新也想像专家们一样，在专业学术上有所建树，多发表论文、多申请专利。他该怎么办？

参考意见： 专业论文发表主要有两种渠道：一种是主动投稿，根据日常的工作总结和理论升华，主动撰写业务论文，并向相关的专业期刊直接投稿；另一种是受邀投稿，多参加行业内的学术交流、业务探讨等会议，按照相关专业组织、学术会议的论文征集通知和要求，完成论文。

专利的申请，首先是在工作中努力创新、善于总结，同时了解专利的相关申报方式和条件，并向有专利申请经验的专家学习取经。另外，专利的申报有一定的格式和规范，要把握好申报文件里有关专利管理和注意事项的详细要求。

无论论文还是专利都要有选题方向，都需要有创新性和实用性，需要作者有明确的工作目标，在相关的专业领域有广阔的视野，并有一定深入的研究。需要注意的是，创新点要先申请专利，待受理公示后，再投稿论文、发布新闻宣传。具体的细节，可以向身边有经验的专业领域的领导、专家、同事请教。

14. 想结合岗位工作写论文，怎么办？

参考场景：小新入职单位后发现有同事每年都发表多篇论文，有的还出版了著作。有的同事虽然年龄不大但已有比较高的职称或者职业资格，成为大家尊重的专家。对比之下，小新感觉在工作中很难发现可写论文素材，找不到发表论文的动力和写作的主题。他该怎么办？

参考意见：想写论文，首先要找到适合的论文种类，然后结合自身的专业工作找到写作的主题，再写就简单了。

（1）找到适合的论文种类。论文的分类有很多种方法，职场人士的论文，可以根据研究方式把论文分为描述性论文、综述性论文和应用性论文。其中：

描述性论文，主要是指通过概念、判断和推理等逻辑形式，结合议论、说明等表达方式，来分析事物、阐明事理，以达到作者阐述自己的新观点和新见解之目的的一种论文。从其定义的描述中可以看出，描述性论文具有很强的理论性、严密的逻辑性和以议论为主的表达方式，比较适合高校和研究机构的人员。

综述性论文，主要是一种以某领域中的某一问题为研究对象，以纵向、横向和纵横向等描述维度，通过归纳、总结等方式对前人已取得的研究成果进行介绍或评论，并发表自己见解的论文。它的目的是使读者看到某一研究成果的性质、规模、进程、状态和趋势。其特点是以叙述为主，夹叙夹议，有时议论多于叙述。

应用性论文，主要是指以某一现象或问题作为研究对象，运用一些理论对通过实证调研收集的数据资料进行判断和分析，并提出应对策略、措施的一种文章，具有时效性、实用性和针对性等特点。

小新可以结合自身实际进行选择，如果理论水平不是特别高，建议选择应用性论文。

（2）找到适合写作的论文主题。结合应用性论文的写作，给小新一些建议。应用性论文：①可以总结过去做过的专业工作，包括怎么做的，在什么理论依据指导下做的，形成了什么专业成果，有什么体会收获等，一般结合工程实践写；②可以写现在，正在做什么专业工作，遇到了什么问题，怎么解决的，成效怎样，一般是问题解决型；③还可以写未来，对某项专业工作进行展望，进行详细的规划，提出相应的架构、模型、方法，展望预期成果成效等，属于未来设计型。

应用性论文写作，离不开深厚的专业功底、实践积累和思考总结，因此对职场新人可能有一些难度。小新在初始创作论文时，可以邀请经验丰富的专家或前辈指导和帮助，也可以大量阅读、学习相关专业方向的论文及专著，学习多了，工作努力了，专业知识升华了，论文的素材自然也就出现了。写论文就像滚雪球，刚开始时有点困难，写多了，眼里有光，题材会越来越多。

（3）处理好写作的一些细节。在论文选题和写作时，注意处理好一些细节。一是不要抢别人的功劳，如果内容涉及别人的成果，要事先征求别人的同意，在署名时根据成果的大小相应予以体现（此处注意是成果本身的贡献大小，而不是对论文的贡献大小，不能因为是自己执笔写的自己就一定是第一作者）。二是不要泄露相关涉密内容，尤其是事关单位重大事项的一些秘密，比如单位寄予厚望尚未正式推出的重大理论创新、技术创新、管理创新、商业模式创新、服务创新，提前泄露可能会让单位之前的努力白费；或者某项目尚存在一些缺陷，泄露出来，可能会让单位陷入非常被动的境地。以上两个细节，对于职场人来说，都是必须要处理好的。

15. 想结合岗位工作搞创新，怎么办？

参考场景：小新被安排在一线岗位，每天工作很忙，经常加班。工作一段时间后，小新发现身边的专家有很多创新成果。小新深知搞创新要花很多精力，他由衷敬佩这些专家，能做到业务、创新兼顾。小新暗暗下决心，向专家学习，将来也成为专家那样的人。他该怎么办？

参考意见：新是相对于旧来说的，能够对当下的人、事、物，做一些改造，实现质量提升、效率提高、成本下降等功效，就是有价值的创新。

创新可以从三个角度去规划，即问题导向、目标导向和成果导向。对于一线岗位新员工，以问题为导向相对更容易找到创新的切入点。围绕业务工作中的痛点、难点进行针对性攻关，研究内容与工作重心一致，必然会一举多得，事半功倍，也容易获得领导、同事的理解和支持。具体可采用工程师思维，先对可能的点做结构性构思，再针对各种约束条件进行设计，并根据难易程度、见效周期、投入收益比等因素进行取舍、选择，再在此基础上进行具体的创新实践，形成创新成果。

（1）收集业务工作中的痛点、难点。这些痛点、难点可以直接来自自己所在部门和身边的同事，也可以来自行业、专业相关的论文、报告、资料和案例分析材料等，还可以是从其他行业、其他业务中学习借鉴、联想形成的间接痛点、难点。

（2）筛选形成创新的切入点。根据技术条件、资源条件等的约束以及投入收益比较等因素，在已有的可选项中优先选择容易做、见效快、投入收益比高的方案；具体的创新既可以从技术角度切入，也可以从管理角度切入。

（3）开展创新实践。建议小新可以先加入专家或部门现有的创新团队，学习创新知识、经验、套路，有实践成果之后，再尝试着自己牵头或独立去实施一些具体的创新工作，这样可能更容易成功。

16. 感觉工作太过单调，怎么办？

参考场景： 小新参加工作有一段时间了，他越发感到日常工作重复单调，不是自己想象的那样，他怕时间长了自己会变成一个“怨妇”，想尽快调整自己。他该怎么办？

参考意见： 小新的困惑，其成因大概在两个方面：一方面是同样的工作重复做，太熟悉了，缺乏挑战，觉得没有意思；另一方面，日复一日，每天重复昨天的“故事”，成就感不大。针对这样的情况，可以从以下方面下功夫：

（1）尝试改进工作。以提高工作质效为目标，通过 QC 等质量改进方法，去进行有益的探索，试试能不能找到更高效的方式完成工作或者提高工作效率、工作质量，比如优化资源配置、改变工作节奏、更新工作技能等，或者做一些必要的技术革新等，给自己定一些突破的小目标，让自己在实现这些目标的过程中增加挑战性、获得成就感。

（2）努力提升自己。在胜任工作的基础上，主动去学习一些跟岗位工作相关的知识和技能，可以通过考取和岗位紧密相关的技能等级、职称，或者本专业相关的职业资格证书，挑战自己，系统性提升与业务相关领域的知识和能力；也可以跨专业领域给自己充电，比如学习一些管理、哲学、历史等方面的知识，提升自身格局、视野、思路、思维等。学习可以给烦躁的情绪找个出口，安静下来转换个好心情。

（3）主动创造机会。主动结合岗位工作需要去做一些更有挑战性的研究和创新，比如申报一些技术创新、管理创新项目，主动承担一些案例分析、成果应用和经验总结的工作，或者主动申请参与一些专题、专项工作，基于岗位的经验和心得进行尝试，增强工作的新鲜感、挑战性、成就度。也是换一种方式、换一个思路看自身的工作、看工作中的自己，找到工作的不足、自身的改进方向，找到新的努力目标。

（4）用心感受生活。生活的意义在于自身，丰富八小时之外的业余生活，让下班后的时间过得更精彩，有助于精神抖擞迎接新的一天、新的挑战。成年人的时间应该是不够用的，如果没解决人生大事，就可以去寻觅人生伴侣。平时应多照顾父母，多分担家中的琐事，多陪伴孩子的成长，多维系自己的社会关系，用心体验生命的意义。

17. 厌烦工作，怎么办？

参考场景： 小新主要从事程序性工作，几年下来，已经非常熟练。他觉得自己每天做的事就是重复劳动，没意思，心里有点厌烦。他该怎么办？

参考意见： 工作单调让人厌烦，可以从“工作”和“自身”两个方面做些调整。对“工作”来说，单调不是原因，让人厌烦是因为缺少成就感；对“自身”来说，厌烦也有自身心态和状态调整方面的原因。

（1）调整好工作。用心做，把每个环节、每个细节做到极致，让自己得心应手，让别人方便满意。比如，站在全流程的角度衔接配合，站在上下游的角度换位思考，站在全生命周期的角度不留死角等。创新做，试着找出更合理、高效的方法完成工作，尝试优化流程、改变工作节奏，从而提升能力、更新工作技能、提高效率，或者进一步完善业务标准让工作更规范等。另外，还可以寻找适当的机会，调整工作岗位，或者跳槽换一份心仪的工作。

（2）调整好自身。调整好心态，比如树立“工作不是全部的理念”，反思“换一份工作自己能否干好”，思考“怎样把现有的工作干得更好”，挑战“把单调的工作干精彩”等。调整好状态，工作之余丰富自己生活中的兴趣，丰富八小时之外的业余生活，让下班后的生活过得更精彩，也有助于精神抖擞地迎接新的一天、新的挑战。

18. 干的都是琐事杂事，怎么办？

参考场景： 小新入职已有一年多，先后在多个部门轮岗，工作内容多是帮助做一些配合和辅助的繁琐杂事，只有晚上几个同来的单身汉在一起热闹就餐时才能找回点自我！这种状态跟自己的理想相去甚远。他该怎么办？

参考意见： 职场新员工，除了要遵守基本的职场规章制度和礼仪规范外，作为一名单位的新成员，新员工资历浅、才能低，主要扮演着学徒、助手、“砖头”三大角色。

在职场，新员工主要从事三类工作。一是浅层次的工作。新员工因为能力、信任等多方面原因，刚开始很难接触太深层次的工作，做的很多工作都停留在表面，技术含量不高。二是辅助性的工作。新员工刚开始的工作大多是配合别人，给别人做助手、打下手，协助别人完成任务，很多事可能还跟自己所学专业不对口。三是琐碎性的工作。新员工很少能独立承担一项完整的任务，通常是参与任务中的某一环节或局部，琐碎繁杂，没有连续性，没有太多成就感，常常身心俱疲。

对小新来说，他自己要端正心态，作为一个新人，能力弱、经验少、工资低，只能从基本的浅层次、辅助性、琐碎性工作做起。尤其是刚入职的阶段，很多单位都安排新员工到各个部门轮岗，熟悉组织架构、业务分工和团队成员，为后续更好上手工作奠定坚实基础。

对小新们来说，要做的是充分理解“做简单的事是锻炼新人必备的程序，做好简单的事是积累信任的前提”，把每项工作都视作自己学习的机会、展示的机会、锻炼的机会，做到“事交我办有结果，事经我手无差错，事由我做请放心”，避免“在简单的题目上失分”，尽量“在复杂的题目上挣分”，树立自己的形象和口碑，完美经受考验。

19. 许多工作与本职无关，怎么办？

参考场景：初入职场，小新经常被安排参加各种活动，如代表单位参加社区的疫情防控、为单位的大型活动做服务等。身边的老同事时不时拿小新开玩笑，说难得见到他。刚开始小新也没在意，好几个同事都这么说了以后，小新担心是不是参加活动太多了，影响了主业。他该怎么办？

参考意见：职场新人，主要扮演着学徒、助手和“砖头”的角色，从事各种浅层次、辅助性、琐碎性工作。小新作为初入职场的新员工，准确地认知自身所处情境中的角色、识别角色的职责和使命，是扮演好这些角色的前提和基础。

（1）端正心态，这是“常态”。一般而言，刚入职时常有这个过程：新人暂时工作没上手，离开岗位做其他事情对工作影响不大；因为年轻人有朝气、体力好、脑子活、学东西快、做事麻利，所以通常会安排新人做此类事情。随着小新慢慢入门、上手、进入某个具体业务，类似这样的安排自然就会少下来。参与这些活动，也是展现自己能力、多方面了解单位的好机会，小新要做的，就是用心做好手头的事情。

（2）注意节奏，避免“失态”。职场新人扮演的三种角色，对小新身边的小环境来说，学徒是“专属”角色，助手和“砖头”是与单位大环境共享共用的“公用”角色。要让同事们“经常见到自己”，小新首先应该把学徒角色“扮演”好，勤学多问，让同事们感觉到自己的进步和存在，除了当面请教之外，还可以通过微信等线上方式提问。同时小新也要在部门小环境中履行好助手和“砖头”角色，为小团队贡献自己的力量。

20. 不知道忙了什么，怎么办？

参考场景：小新每天上班都很忙，经常忙得水都喝不上，可是下班以后回想一下，究竟做了什么，又“说不上来”。他该怎么办？

参考意见：发生这种情况，往往是事务性忙碌造成的。事务性忙碌，指忙碌是承接别人需求造成的，自己不负主要责任，参与程度不深。如果把工作比作齿轮转动，事务性忙碌的着眼点不是工作全局，而是当齿轮这里卡涩时润滑一下，那里卡涩再去润滑一下，如同蜻蜓点水，处理了很多事务，但不深入到相应工作的内部，未触及工作的深层，感受不深，就产生了不知道忙了什么的情况。

（1）如果因为小新是“新人”，应该从各种浅层次、辅助性、琐碎性工作开始，在尚未独立承担主责业务之前，事务性忙碌是正常现象，这是初入职场的必然过程，也是单位考察、培养、识别新员工的必然阶段。小新需要做的，就是端正心态，把每项工作都视作自己学习、展现、提高的机会，用心把简单的事做好，做到“事交我办有结果，事经我手无差错，事由我做请放心”，避免“在简单的题目上失分”，成为合格的职场新人。

（2）如果小新已经不是“新人”，尤其是同期入职的伙伴们如果都陆续承担主责业务，小新就要反思，自己在“新人”阶段的表现，有没有经受业务的考验，算不算合格的职场新人。很多职场“老人”

的事务性忙碌，往往是因为“在简单的题目上失分过多”，领导不能放心把“复杂的题目”交给自己。如果想改变这种状况，小新需要做的就是调整好心态，重新从“新人”做起，积极主动，用心负责，重新积累信任和口碑。

21. 总分配不到核心任务，怎么办？

参考场景： 小新参加工作三年多，自我感觉工作很积极，可是分配任务时领导总不安排核心任务给他，小新感觉很郁闷。他该怎么办？

参考意见： 通常情况下，团队领导会尽可能将核心任务分配给值得信任的人。小新总是分配不到核心任务，说明领导对他还不够信任。“自我感觉工作积极”，期待承担一些核心的任务，说明他是一位要求上进的好青年，遇到的问题，确实会让当事者感到郁闷、难受。

（1）自我反思，找到内因。小新要反思的，首先是做事本身，是由于自己技术不够过硬、做事不够认真、任务完成不够好，让领导不放心，还是自己做事的程序、方法不符合职场规则，比如该请示的不请示、该汇报的不汇报，让领导不够满意。对可能的原因，主动改进，并找各种机会让领导知道他担心的问题已不复存在。

（2）主动沟通，毛遂自荐。小新可以主动和领导沟通，寻求直接的答案，分析不能配合执行核心任务的原因，针对性地改进；也可以毛遂自荐，主动申请承担一些核心业务。如果还是解决不了问题，小新就要补过去“欠下的旧账”，从小事做起，让领导满意、放心，逐步建立领导对自己的信任。

22. 每次升职都没机会，怎么办？

参考场景： 经过数年积累和打拼，小新自认为工作能力很强，业绩贡献也大，平时工作态度积极，在同事中间人缘不错，和领导关系也很好，自我感觉已经具备重用和升职的条件，但是近阶段的几次调整都没轮到他，甚至自认为不如自己优秀的个别同事都得到了重用。小新有点失落，对自己的前景感到不安，功利心变得越来越强，对个人有好处、能表现自我的工作才积极去做。他该怎么办？

参考意见： 功利心在日常认知中是一个相对负面的概念。但人力资源管理理论认为，功利心的背后是一种对自我的价值期待、价值回馈和价值认可。工作所获得的价值认可，外在表现为薪酬、重用、晋升等有形的认可和回馈，以及好评、尊重、被需要等无形的认可和回馈；内在表现为自我成就感、工作乐趣和个人能力成长。

（1）把握好晋升主动权。工作重用和晋升首先要基于自己的能力和贡献，这种能力和贡献不仅仅是自己认为的，还需要得到单位和上级的认可。“盲人摸象”的故事告诉我们，从不同的角度看同一件事，往往会得出不同的结论，评价一个人更是这样。要想在选拔中脱颖而出，需要拿出实实在在、各方都认可的业绩。一方面我们要有过硬的业绩，另一方面还要加强向领导汇报沟通，让领导看见自己的能力和成绩，避免“养在深闺人不识”的委屈。

（2）积极主动争取机会。用心分析周边形势、自己的状态，时刻关注团队工作动态，在单位和团队重点、亮点工作上主动请缨、毛遂自荐，争取挑重担的机会（但切记量力而行），持续积累，时刻保持一种准备充足的状态。好的机会往往稍纵即逝，机会只会青睐那些有准备的人。

（3）管理好自己的状态。如果始终遇不到合适的机会，也不要纠结，重新回到自我认同状态上来，坚持初心，天道酬勤，坚守下去，真正在团队急难险重工作中表现突出的人，一定是团队中的稀缺资源，自身价值不会被埋没。

（4）通过反思认知自我。“工作能力很强，团队业绩贡献较大，工作态度积极，同事人缘不错，和领导关系也很好”，都是“自认为”的，真实的自己到底怎样，还需要多反思，和身边那些升职的人相比，自己到底差了什么。必要的时候，主动找领导，请领导指点。正确、清晰的自我认知，比什么都重要。

（5）学会着眼长远。无论如何，“于个人有好处、能表现自我的工作才积极去做”的思想要不得，会损害自己多年辛苦建立的良好口碑和群众基础，这是个人职业发展的重要评价指标之一。人不能过于功利，眼光要放长远，工作的初心不应该只是升职加薪，而是实现自我价值，成为一个对社会、对单位、对家庭有贡献的人，那些兢兢业业数十载的劳动模范是我们学习的典范。

（6）学会放过自己。“世界上只有一种英雄主义，就是在认清生活真相之后，依然热爱生活”。人生价值有很多种，成为孝顺的子女有价值，成为体贴的配偶有价值，成为慈爱的父母有价值，成为专业精通、有话语权的能人有价值。我们不应该把升职、前景看得过重，好好拥抱生活，很多时候眼前的不如意只是暂时的，生活中有更多美好的、值得开心的事情，学会发现并享受生活中的美更重要！

23. 专业学习的精力不够，怎么办？

参考场景：小新工作好几年了，自己感觉不知道如何平衡好专业学习和领导交办的事务之间的关系，在专业学习上付出的精力还不够。他该怎么办？

参考意见：职场有各种类似需要平衡的问题，让人心累。解决类似问题的底层逻辑，是自己的价值观，借助的工具是“时间管理四象限”。将学习和事务根据价值观排序放入不同的时间象限，按照该象限的处置策略进行管理。

（1）准确识别。领导交办的任务，在领导自身的“四象限”中可能属于不重要的任务，但是放入新员工的“四象限”中，多数情况应该属于重要事项。工作的同时加强专业学习，肯定是重要事项，如果是学习当下工作要用的内容还属于紧急事项。因此，小新首先要做的，是把任务切块、细分，精准识别其重要性和紧迫性，放入相应的象限。

（2）科学实践。一是根据不同象限的推进策略去推动落实，对既重要又紧急的任务和学习，抓紧做、加班加点做、用心做；对重要不紧急的任务和学习，排入计划有序推进，再忙都不要忽略。二是借助各方面资源，用好各种工具，尽可能提高工作和学习的质效，切忌单打独斗，切忌凡事都自己从头开始。三是及时动态优化自己的“四象限”，确保识别精准。四是必要的时候跟领导反馈自己的困难，争取领导的理解和支持。

24. 专业工作精力不够，怎么办？

参考场景：小新入职三年多，主要在办公室负责文字、会议相关事务，他计划多花点时间在文字质量方面，以求提升，多出研究成果，真正能发挥参谋助手作用。由于部门人手紧张，领导还给小新安排了一些办公室负责的其他工作，如档案、保密工作等，以及部门日常的琐事。小新想要平衡好自己的规划和领导的安排，让自己能在专业工作中有所建树。他该怎么办？

参考意见：本职岗位工作之外，承担一些其他工作，在职场是很常见的现象，尤其像办公室等综合性管理部门更是如此。小新要做的，首先是端正心态。

其次是用好策略。本职岗位的专业任务，是立身之本、吃饭的“家伙”，要做深，把主要时间和精力投在上面，主动想，主动做，主动研究。本职岗位的非专业任务，也不得马虎，要做精，必须要做的工作在条件允许、力所能及的情况下做好，可做可不做的工作尽量少做，不必做的工作坚决不做。日常的琐事，涉及面广，回旋余地也小，有些时候还是我们积累人脉、积蓄人情的好机会，要做简，列出清单、流程、模板，利用好诸如微信群等载体，提高沟通效率效益。

特别强调不能硬撑。在能力、精力足够的情况下，适当扩张，在业务广度和质量深度上展现自身能力和业绩；如果能力、精力不济，适当收缩，抓住更核心、更紧要的。如果实在超出自身承受范围，要主动、及时向领导汇报，请求领导的指导、理解和帮助，优化工作分工、办事程序和成果期待等。

25. 不会排任务先后顺序，怎么办？

参考场景：小新手头有多项工作任务，他不知道该如何安排任务的先后顺序，是按照紧迫性、按照发布任务的领导、按照工作量多少还是按照其他情况来安排。他该怎么办？

参考意见：小新遇到的这个问题，采用的主要分析框架是“时间管理四象限”法则，从重要性和紧迫性两个维度把所有的任务划分为四个象限。其中：第一象限是既重要又紧急的任务，需要马上做；第二象限是重要但不紧急的任务，纳入计划做；第三象限是不重要但紧急的任务，可以授权别人做；第四象限是既不重要又不紧急的任务，尽量减少做。

（1）给任务定制相应处置策略。紧迫性很好区分，主要是重要性如何区分，区分重要性的难点是怎么区分各级领导布置的任务。这一点，通常的原则是先等级链、后指挥链，同一等级指挥自己链条上的领导优先，不同等级领导中级别高的领导优先。在此基础上，在领导给定期限的基础上适当预留提前量，设定相应的紧迫性。

（2）学会合理拒绝或争取资源。保证任务的完成度和质量水平，是工作态度和能力的体现。要努力控制好任务的入口，避免“过载”影响自己的工作效果。收到新任务时，先不急着应承，迅速进行手头工作任务的平衡，如果觉得自己难以承接，应如实向领导反映，争取领导的理解。如果领导坚持安排自己来承接，要跟领导说清楚困难和风险，恳请领导帮忙协调资源、优化手头工作。切忌不吭声，不懂拒绝，不知道争取资源，一个人闷在那里干着急，怎么加班加点也做不完，到了时间交付不了，被领导批评，就太冤了。

26. 需要做很多事不知道如何取舍，怎么办？

参考场景：小新今年刚到新的岗位工作，大量的专业知识和业务需要学习，还有领导安排的一些工作需要做。刚好今年是有资格参加中级职称考试的第一年，他想尽快把职称拿到手，但是时间精力毕竟有限，顾此可能就失彼，既想做好这个又想做好那个，事情一多可能就会有疏忽。他该怎么办？

参考意见：小新遇到的问题，其实也是怎么识别、区分各项工作重要性、紧迫性的问题。

对刚走上新岗位的他，学习新岗位专业知识和业务技能，尽快适应岗位工作需要，应该属于既重要又紧急的事项。领导安排给他的工作，对领导来说可能不重要，但对小新来说应该纳入重要的范畴，是否紧急视工作的复杂程度和领导的进度要求而定。

考到中级资格证书，取得中级职业资格，确实很重要，能够享受类似“能力付薪”等政策待遇，在基础薪资上有所体现；也可能会对将来职场进一步发展获得一些所谓的“资格条件”。但是如果因此协调不好精力和时间，导致不能很好地尽快适应当前的岗位工作，不能完成好眼前领导交办的任务，可能会在后续的工作安排、奖金分配，甚至发展机遇上遭受更大损失。

综上所述，学习新岗位知识、技能，做好领导布置的任务，对当下的小新来说更为重要。小新可以把考中级资格作为“重要不紧急”事项安排进计划，业余时间做些准备，第一年先以熟悉考试情况为目标备考、参考，为下一年考试打一些基础。这样安排可能更稳妥，更有益于长期的发展。

很多人成功，并不是因为他们的智商有多高，而是因为他们能科学规划，按照合理的节奏，用恒心和毅力去完成每一件事，并把这些事做到极致。小新要做的，就是统筹好轻重缓急，有条不紊地推进落实。

27. 对工作有些迷茫，怎么办？

参考场景：小新入职两年多，最近比较迷茫，不知道如何正确树立自己的职业目标与定位。他该怎么办？

参考意见：小新需要给自己做一个职业定位分析：

（1）自身的价值观。什么对自己更重要，或者更想得到什么，比如，更在乎家庭、名誉、事业，还是金钱？

（2）自身的价值。自己更能在哪些方面发挥作用，通俗说就是有何特长。所谓特长，指特殊才能，这在规划职业生涯时应予以重点考虑。自己有何才能？把它们全部列出来，选择 3 种最重要的才能，然后把每种才能用一两个词来表达。这些才能必须是能产生价值的，如果不能产生价值，就不是真正的特长。如果发现自己没有特长，就应抓紧去“充电”，做好充分的准备。这样机会来了，才有能力很好地把握住。

（3）自身的现状。目前自己处于哪个阶段？这个阶段有什么特别之处？重要的事有哪些？尽量以“局外人”身份进行判断，然后对原计划做出相应调整。

（4）近阶段目标。对照大目标，给自己确定一个通过努力能够达到、近阶段可以实现的小目标，每过一段时期给自己设立一个努力目标，通过目标解构、分解的方式，让自己不再迷茫。同时，通过自己的努力实现小目标，可以提升职业自信和成就感。

28. 担心未来发展，怎么办？

参考场景：小新看到小伙伴们有的参加在职学历教育，有的搞创新、发论文，都挺忙碌、都很充实，自己除了忙手头的工作外不知道干什么，不知道自己未来靠什么立足，心里面有些恐慌，想尽快摆脱这种状态。他该怎么办？

参考意见：狄更斯说“这是一个最好的时代，也是一个最坏的时代”，用在当下也很贴切。科技飞速发展改变了人们的生活方式，资源极大丰富，一定程度上提高了生活品质；也正是由于社会的飞速发展，未来的不确定性大大增加，人们越来越“卷”，生活品质的不稳定因素在增加。

小新面临的“恐慌”，本质上是对未来“不确定性”的恐慌。面对未来，我们唯一可以把握的，就是用自身能力的确定性应对外部变化的不确定性、以现在的确定性应对未来的不确定性、以过程的确定性应对结果的不确定性、用努力奋斗的确定性应对社会和技术变化的不确定性。身边小伙伴的学习、创新，本质上都是以这些看得见、可以把握住的确定性去应对那些看不见、无法把握住的不确定性。

具体到小新自己，当前最需要做的，就是努力提高当下的确定性，重点是打造自己的业务能力。打造时，遵照“压强原则”，聚焦一些小的点上持续用力，确保“压强”够大，能力打造的质效够好、够快。如何找这样的切入点，建议使用“三叶草模型”，找三个方面的交集：首先是工作需要（需要做）；其次是能力具备（有能力做），即使当前还不具备能力，但是有条件具备能力也可以；第三是有兴趣做（想做）。先试一下找三个的交集，如果感觉困难，也可以找前两个的交集，不需要很大切口，只要做深做透，做到本部门、本单位数一数二、在一定的范围内名列前茅，做出自己的名气和品牌，收获由此带来的成就感，慢慢就会形成良性循环，越来越好。

29. 工作中感觉委屈，怎么办？

参考场景：春节后部门接了一个历史性的“大单”，隔壁办公室的同事加班加点忙了好几个月，上周终于交付，客户很满意。部门经理非常开心，昨天下午召集部门十几号人开了个非正式的庆功会，把差不多全部门的人都表扬了一遍，唯独没有提到小新。小新感到很委屈，这段时间他除了忙手头工作之外，还主动帮隔壁办公室同事做了不少其他工作，有时候还要给这个“大单”打下手、做支撑，加的班比他们团队少不了多少。小新不想以后再受这种委屈了。他该怎么办？

参考意见：小新感到委屈，是因为自己也付出了额外的很多努力，但是经理没有“看到”“提到”，没有得到经理的认可，心里难过。我们通常所受到的委屈，也是因为自己的付出没有得到认可。如果我们没有付出过努力，即使再得不到认可，也不会感到委屈，就是这个道理。小新可以从三个方面来改进目前的境遇：

（1）保持努力的状态。不因为这次“委屈”而懈怠、泄气，继续保持努力的状态，在努力的过程中收获更多的美誉度、获得更大的成长空间。

（2）让努力更有成效。推荐阅读相关书籍，例如管理大师德鲁克的《卓有成效的管理者》，学会做个卓有成效的职场人，让自己的努力更高效，在努力的过程中获得更多的成就感、收获更多的认可度。

（3）让努力“被看见”。没“被看见”，可能是“没看到”或者“视而不见”。职场人节奏太快、信息量太大、注意力太分散，尤其领导更是如此，“看不见”是常态。需要小新主动“投屏”让自己的努力进入领导的视线，多“投”几次，“看见”的机会就多几分，比如多找机会直接向经理、副经理面对面汇报、发送工作汇报等，也可以间接通过自己小团队的负责人向经理汇报等。更有效的是“刷屏”，如果小新的成果、成效能够在小团队和部门中脱颖而出，自然就会“被看见”。小新要做的，是在努力奋斗的同时，刷刷自己的参与感、存在感、贡献度，尽量让自己的努力“被看见”。

30. 心态日益谨慎，怎么办？

参考场景：小新工作有一段时间了。近日回顾总结，发现自己在很多方面都有变化。变化最大的是心态上日益谨慎了，越来越临事而惧，不仅面对业务时如此，就是在和同事交流时也是这样，甚至有时连说话都要反复考虑。他该怎么办？

参考意见：谨慎是专业化的正常发展趋势，是成熟进步的重要标志之一。随着工作经验、人生阅历日益丰富，认识逐步深入，认知逐步提升，考虑问题的角度、层次逐步增加，需要反复掂量各种不确定性和可能性。工作、人际交往中除已显现的变量，还有一些隐藏变量需要留下处理裕度。思想上日益谨慎，为的是应对各种可能的变化，尽量让事态发生、发展在掌控中，可控能控不失控。

小新需要给自己做个测评，比如，临事而惧，是针对所有事项，还是仅仅针对重要事项；与同事交流需要反复考虑，是针对所有交流，还是仅仅针对重要的表态。如果是所有事项、所有交流都反复考虑，那就属于过度谨慎，需要调整，建议及时到专业的心理门诊请专业人士指导，避免继续恶化造成更大的心理问题。

31. 被同事评价“学生思维”，怎么办？

参考场景：小新入职已有一段时间，还时常被同事们指责“学生思维”太重。他想尽快改进，该怎么办？

参考意见：入职之初，单位领导在与“小新们”的见面会上勉励大家，“尽快转变思维、转换角色，进入工作状态”。本书的姐妹篇《初入职场：怎么看　怎么想　怎么干》，是市面第一本系统研究“为什么要转变思维”“怎么转变思维，转变成什么思维”“怎么转换角色，转换成什么角色”的书籍，建议小新能认真阅读，从书上学到完整的理论和方法。

从职场角度看，刚出校门，涉世不深，有些学生的“样子”可以理解、不足为怪。如果一段时间下来，还是“学生腔”“学生样”十足，不仅自身难以融入团队、融入工作，还可能会给工作、团队和单位带来不良影响。

（1）与人相处考虑周到，避免单一思维。职场团队成员年龄结构、学历结构、个人经历和角色构成与校园相比要复杂得多，小新处理人际关系时不能像校园那么简单。凡事要多考虑一些，多站在工作、团队和对方的角度，兼顾整体，尽可能做到面面俱到。

（2）做事细心全面，培养系统思维。在校学生需要处理的事情与职场员工相比，面更窄、流程更短、涉及群体更少、内容更封闭。小新要改掉线性、浅表式思维，养成系统思维，动态、全面，站在全局高度，全过程、全方位、全时段思考，防止在负责的工作上，对各种因素考虑不周、对负面结果预计不够。

32. 被同事评价“幼稚”，怎么办？

参考场景：小新上班以后，经常听到老师傅批评年轻人“幼稚”。次数多了，小新敏感起来，总担心自己幼稚被同事批评，他不知道什么样是“幼稚”，“幼稚”如何改。他该怎么办？

参考意见：职场的“幼稚”指不成熟的职业心态和职业状态，典型的表现有七种：一是缺乏责任感，敬业精神和工作能力有严重缺陷且没有主动弥补的意识；二是缺乏团队意识，在职场我行我素，难以配合；三是看问题片面，观察问题流于表面；四是不会反省自己，认识不到自己的不足；五是自我封闭，分析问题主观性太强；六是眼高手低，目标、计划、措施严重脱离实际；七是自身定位严重偏差，自我感觉良好与事实不符。

幼稚俗称“不懂事”，主要原因是历练少。所谓事上磨人，认认真真做好工作，认清自己的职责，增强责任感，增强团队意识，遇到问题系统思考、采用批判思维，避免先下结论，在实事求是全面深入分析的基础上寻求解决办法，克服急功近利的思想。再加上不断复盘、总结，以及自身的不断反思和主动寻求外部高质量的反馈，“幼稚”情况自然会慢慢缓解、消除。

33. 担心做不好工作，怎么办?

参考场景：小新对自我要求比较高，过于在意别人对自己的评价，工作任务多时担心完不成，面对有难度的工作时担心完成不好，经常感觉焦虑。他该怎么办?

参考意见：适当的压力能够帮助我们客观地辨识周围的事物，也能让自己有更好的表现。“压力 + 纠结 = 焦虑”，焦虑源于技能、方法或知识储备支撑不足，思想上要客观认识和评价自己，承认自己的不足并不断努力加以改进提升。

（1）若是因为工作任务多，可细化自己的工作清单，将要做的事情写下来、可视化，大脑里的内容就会变得清晰。学会将工作按轻重缓急排序，先完成再完美，首先确保把需要完成的工作完成，再不断优化完善。如果通过努力优化和适当的加班加点还是完成不了，可以申请支援和资源。

（2）若是因为工作任务难，可以对工作任务难度进行评估，对那些完全超出自己能力范围的任务，要第一时间寻求外部的协助；对那些自己“跳一跳够得着”的任务，如果时间允许，自己尽可能多尝试尝试。只有多走出舒适圈，我们才会真正收获成长。

（3）合理规划时间，应用好时间管理、提高效率效能的工具和方法，对手头任务进行分类，区分哪些要全力以赴承担主要职责、哪些只要尽力完成配合工作。根据“时间管理四象限”法则，优先完成重要且紧急的任务，有序推动重要不紧急的任务，提高工作的成就感和愉悦度。

（4）主动寻求反馈，帮助自己分析优点和不足；也可以站在他人的视角，甚至站在布置任务的领导角度，思考可能会怎么做。多思考，从内部找答案；多请教，从外部找建议，在主动提升效率的同时，自身的焦虑感也会相应降低。

（5）寻找释放渠道，当焦虑情绪已然产生的时候，可以通过美食、音乐、有氧运动、户外活动、与他人聊天、回到自己熟悉的环境、干自己擅长的事等适合自己的方式，转移自身的注意力，达到释放压力的作用。

（6）主动降低预期，焦虑的根本原因是目标和现状有差距，要承认自身能力的不足，树立合理的目标，降低对自己的预期，主动从源头上减少焦虑的根源。业务能力提升有一个循序渐进的过程，不能一蹴而就，需要长期努力积累。每个人都有自己的节奏，要调整好心态，看到自己的持续进步，自己放过自己。

34. 不适应体制工作，怎么办？

参考场景：小新是一个喜欢接受挑战的人，原先想去市场化企业工作，但在父母的动员下，还是进了体制内单位。入职一段时间以来，小新感觉这种一板一眼、按部就班的氛围不太适合自己。他该怎么办？

参考意见：小新喜欢接受挑战，这点难能可贵。实际上，市场化企业与体制内单位，都充满挑战性，只不过挑战的方式和程度不同而已，从总体上看前者相对而言挑战性可能更大些。

（1）建立合理认知，调整好心态。这是关键，是最重要的。初入职场，要对自己从事的工作有一个科学、全面、客观的认识，在常人看来，体制内单位相对来讲比较稳定、竞争小一些，但这绝不意味着没有危机感，没有竞争性和挑战性。只不过自己初入职场，从工作能力、资历等因素看，还不可能一下子从事非常具有挑战性的工作（这也可能是现阶段对自己的挑战）。

不管在什么性质的单位，都要从基础、简单、事务性工作做起。职场工作与学校里的学习差别很大，唯有沉下心来打牢基本功，才会有日后的无限可能。作为刚参加工作的新员工，无论干什么，都要对从事的工作有一份敬畏感、责任感，不能眼高手低，“干啥啥不行”。

（2）迅速转变角色，融入全新岗位。走向工作岗位就要去适应全新的工作，而不是让工作适应我们。凡事都有个从不适应到适应、再到不适应、再到适应这样一个循环往复螺旋式上升的过程。只有适应了工作，才能真正做到“干一行、爱一行、精一行”。一个人的最大挑战，就是从不适应到适应；一个人最重要的能力，就是适应力。小新要反思，如果不能适应体制内的挑战，也未必能适应市场化企业的工作。同时需要全面正确地认识和评价自己（包括目前的专业技能、性格特征、工作的优劣势以及什么性质的工作更利于自己发展等），找准方向。无论选择如何，都要按照自己的目标迅速进入角色，反复实践、不断磨炼，任何时候、任何环境，唯有实力才能带自己走得更远。

（3）长远考虑，评判离职风险。如果一直处于纠结中，要认真判断离职带来的各种风险，自己是否能承受，从而再去评估“重新择业”的可行性。希望小新能迅速从目前的“纠结”中走出来，正视现实，迎接挑战，心无旁骛，干出属于自己的一片天地。

第 2 章

关系篇

35. 想留下好的“第一印象”，怎么办？

参考场景：小新还有一周就要结束入职培训到部门跟班实习。他琢磨着怎么才能给部门留下好的“第一印象”，给自己的职场生涯开个好头。他该怎么办？

参考意见：传统的第一印象主要指对一个初次见面者最先的若干心理知觉，是人际交往中非常重要的起点或基础，主要在个人的容貌、穿着、表情姿态、言谈举止等外观上的表现。第一印象良好与否事关对方对自己的评价，对后续的工作有非常大的影响。不好的第一印象，需要靠后续相当长的时间来改变，还不一定能改变。因此，小新要留下好的第一印象，就要在刚入职场的时候，注意穿着打扮、言谈举止，尽量把自己收拾整洁、利落，尽量表现得职业化。

“第一”是个相对的概念，除了传统的外表方面的第一印象外，职场的“第一印象”还体现在工作态度、工作能力、工作业绩、工作呈现、工作细节以及与他人的配合、个人的品行等。因此小新在工作方方面面第一次表现时，也要多用点心，留好在这方面的“第一印象”。我们经常听到领导或同事评价某个人“没想到他还有这能耐”“没想到他是这样的人”等，多是“第一印象”的输出。

外表的第一印象良好，加上工作方方面面的“第一印象”良好，小新才算是真正留好了“第一印象”。

36. 想受欢迎，怎么办？

参考场景： 小新是个有心人，刚入职场就思考哪些品质最受欢迎，哪些做法能快速建立好的人际关系，想做个受大家欢迎的新同事。他该怎么办？

参考意见： 最受欢迎的品质通常包括五个方面，分别是：真诚善良，给人信任感；包容大度，给人亲近感；扶弱助困，给人获得感；担当负责，给人安全感；积极进取，提供正能量。快速提升职场人际关系原则就一条，工作做好、关系变好。

（1）分析人际关系特征，主动改变。根据自己理解的“好的人际关系特征”，试着写下至少五个关键词句来形容。看看身边哪些伙伴具有这些好的特征，对比自己的思考找思路和方式。

（2）眼里有活、心中有人。做好本职工作的前提下尽力多做一些团队公共事务；帮助身边同事做一些力所能及的事情，通过自己的努力逐步建立起良好的同事关系。

（3）寻找身边的榜样。从模仿开始，向榜样学习。列出身边伙伴的名字和每人的3 ~ 5个优点，尤其多给自己不太喜欢的人找优点（可以是他们做过的暖心事、说过的正能量的话等），带着发现美的眼睛和心境，人际关系处理就变得容易多了。

37. 性格内向无法快速融入团队，怎么办？

参考场景：小新初入职场，性格内向、有些社恐，不擅长与人交往，导致工作开展不顺利。他想提升交际能力，快速融入团队与集体，提升工作效率。他该怎么办？

参考意见：内向外向，本质上没有好坏之分，内向的人在处理人际关系上，不全是劣势，也有好处。比如，因为内向，通常显得温和、腼腆，在别人眼中不需要刻意防备，也少了很多口舌之祸。内向的人独处时间多，更能静心于一些事情上，利于专心钻研出成果，能获得周围同事在工作上的信赖。内向性格还常常是某些研究方向、专门岗位所必需的，特别是需要潜心研究、寻求突破一类的工作，就需要能静下心来全身心投入。如果把自己能平心静气的品质发挥好，很容易有成就，也很容易赢得别人的接纳、信任。

但是内向的弊端也很明显。首先是从事对人际沟通技能要求高的岗位，如服务、管理等岗位，有一定的挑战性；其次由于不善于表达、表现，有时会有“茶壶煮饺子，有货倒不出”的情况，不大容易被别人了解、理解；还有就是会失去不少与别人交流学习的机会和乐趣。

知识靠学习、记忆，能力靠训练、实战，社交方面也如此。如果小新想在内向的性格上有所改变，可以试试以下的方法：

（1）转变意识，制定目标。有意识、下决心改变自己，不躲避社交、不放弃自疗。在调整的过程中，通过一个个小目标，积小胜为大胜。比如，大目标是“能自如交流，甚至能掌控话题”，起步的小目标可以设定为“跟陌生人对一下眼神就是胜利”。

（2）多看多想，多练多用。阅读一两本关于沟通方面的经典读物，比如《沟通圣经》（作者尼基·斯坦顿，北京联合出版公司出版），掌握常用沟通的底层逻辑和基本套路；找几篇（段）交流、沟通方面的经典文章、视频、场景、桥段，进行深入学习和刻意练习；根据实际沟通、交流需要，有针对性地进行一些准备和练习等。通过实践当中的成功收获自信，在自信中持续收获成功。

（3）用心体会，复盘提升。模仿是最好的学习方式之一，可以用心观察身边沟通、交流水平较高的领导和伙伴，多从身边人的言谈举止中学习，学习怎么说话、怎么接话，怎么运用各种语言形式进行沟通。结合自己的交流沟通过程，做复盘，看看哪里还有可以改进的地方，在复盘中提升。

（4）帮助他人，增进友谊。研究表明，内向的人在安全的环境并不“内向”。我们可以通过自己的积极主动，扩大身边的安全边界，抵消“内向”的环境因素。比如，在完成自身工作的前提下，可以主动帮助其他同事做一些配合工作；或者在同事交往中主动承担一些力所能及的事情。通过扩大“承接圈”，扩大自己的“朋友圈”和“安全圈”。

38. 不会拒绝，怎么办？

参考场景： 小新初入职场，学习、工作任务被安排得满满当当。面对同事提出的各种帮忙请求，他不会拒绝，导致自己疲于应付。他该怎么办？

参考意见： 小新遇到的困惑本质上是如何接受（拒绝）一项新任务。初入职场，学习、工作任务一般会比较重；老同事们也会使唤新员工，将手头需要打下手的活能交给新员工的尽数交出。这是一种正常现象，也是新员工尽快融入团队、上手工作的必由之路。

（1）培养良好心态。小新需要做的，首先是接受这种状态。

（2）坚持一条底线。在富有余力、力所能及的前提下才能接受，否则就要拒绝。

（3）注重科学方法。不管接与拒，都不要情绪化。拒要注意方法，主要是表达能力和精力上的困难，争取对方的理解。接也要适当争取一些资源，哪怕是对方心理上的“亏欠”；接下来了就要做好，否则会砸自己的“招牌”。

（4）抓紧提高能力。抓紧学习、请教，提高主责工作能力；在协同配合中多向前辈们学习，了解其他岗位的业务，学习老师傅考虑问题、处理工作的方式方法等。随着自己能力的提高，效率就会相应提高；同时，随着主责业务能力的提高，小新的精力也会慢慢聚焦主责工作，承担的琐事、帮忙的事也就会越来越少。

39. 热心团建活动等非主责任务引起同事不满，怎么办？

参考场景：小新参加工作一年多了，他热心并经常参加团建活动，身边有些同事认为团建与业务无关，鄙夷他参与这些活动，并表示出一些不友好，小新感到很苦恼。他该怎么办？

参考意见：“凡事皆有度”，在职场更要重视对度的把握。对这些同事的“鄙夷”“不友好”，小新一定要端正心态、认真对待，可以“有则改之，无则加勉；言者无罪，闻者足戒”，不能有“抗拒心态”，更不能有“对抗行为”，这是在职场和人生对待一切事物最好的态度。同时，小新也应该反思，是不是自己对团建活动的参与度、表现度确实过了，对本职工作的参与度、贡献度确实低了。哪怕没有这种情况，但是给别人的感觉是这样，也是小新需要改进的地方。因为，别人对我们的评价，评价的不全是做的事本身，而是我们的行为以及产生的结果带给别人的感觉。

（1）工作优先，脚踏实地。如果确实是自己的度没把握好，过于投入团建活动，耽误工作了，就要调整精力分配，确保本职工作优先。否则不仅影响自己在业务上的发展、提升，还会让周围同事认为自己不够踏实、好高骛远，恶化职场生存环境。

（2）主动沟通，缓和关系。如果自己的度掌握尚可，只是个别同事“心存芥蒂”，就注意通过主动沟通、积极工作，保持跟大多数人的关系现状，尽量不放大不满“面”。同时，调整自己的方式方法，并找机会尝试化解不良因素，能转变最好，不强求结果。

40. 团队相处把握不好“度”，怎么办？

参考场景： 小新初入职场，经常把握不好何时应该点到为止、何时应该刨根问底，造成不少尴尬的场面。小新想提升对于“度”的把握，该怎么办？

参考意见： 从本质来看，度更多是一种心理感受，存在个体差异，也就是俗话说的有人“大度”、有人“小气”。因此度也要因人而异，适合对方的“度”才是“适度”。小新可以在把握好总体原则和个体差异两个方面的基础上，通过多阅人、多积累，逐步提升把握“火候”的能力和水平。

（1）把握好总体原则。这个总体原则基于人性的基本诉求，就是让人舒服的言行举止可以适当多一些、让人不舒服的言行举止尽可能少一些。

（2）把握好个体差异。留心观察所在单位、团队和伙伴们的言行举止，通过“统计”“分析”“模仿”，积累把握单位、团队总体“度”和每个伙伴个体“度”的经验。

41. 为前途感到焦虑，怎么办？

参考场景：小新能力不错且工作有一段时间了，眼看身边伙伴陆续升职，小新开始为前途感到焦虑，功利心越来越强。面对这种情况，他该怎么办？

参考意见：功利心是驱动人类社会发展和进步的源动力，其功利背后的本质，是一种价值期待、价值回馈、价值认可，我们无需因为自己的功利心而不耻、而焦虑。我们通过工作获得的价值认可包括两个方面，一是外在的认可和回馈，比如薪酬、晋升这些有形的，以及好评、尊重、被需要等无形的；二是内在的认可和回馈，比如自我成就感、乐趣、能力成长等。小新入职之初不太在意外在认可，更多凭着自我认同在工作，现在看到身边的伙伴陆续得到晋升，心中有了对比，于是为了获得外在的认可而焦虑。

（1）不忘初心，相信未来。保持当初那个“只想好好干活”的心念，把内在的认可和回馈摆在更重要的位置，不过分介意涨薪、升迁，相信天道酬勤，付出总有回报。

（2）正确认知，持续改进。对照升迁标准和升职伙伴，分析自己没有得到外在认可可能的原因，针对性地完善自我。同时，也要认识到，能升迁的毕竟是极少数，不要过于纠结职务的升迁。

42. 个人诉求得不到解决，怎么办？

参考场景： 小新内心有诉求，已经通过部门主任找过单位领导，但仍未得到解决，小新纠结要不要直接去找单位领导沟通。他该怎么办？

参考意见： 这个问题比较复杂，需要具体问题具体分析。

（1）全面分析。学会区分诉求类型。职场员工的事一般分为个人私事、发展通道和岗位安排三个方面，小新要做好以下分析：

1）思考沟通力度，部门主任是否支持诉求，是否确实已跟单位领导反映，以及部门主任的个人影响力。

2）衡量个人价值观，决定于个人私事是否愿意帮忙，发展通道是否愿意担当，岗位安排有没有远见和魄力。

3）评判诉求影响面，如果只影响个人，需要考虑的方面较少，领导方便决策；如果影响到群体，涉及的人、事、物繁多复杂，需要通盘考虑，难以轻易决策。

（2）分类处置。对于个人私事，如果是单位能够提供帮助的，建议可以找，领导一般秉承“能帮则帮”原则；如果不是单位能够帮助的，建议别找，毕竟个人私事跟单位无关。对于发展通道，建议想清楚后慎重找，开明的领导会认为有上进心，有的领导则会认为跑官要官、挑肥拣瘦等，开口前要充分考虑领导有没有条件办、能不能办，否则最后还是一场空，反而给领导留下不好的印象。对于岗位安排，建议静等合适的时机，开口前先思考自己考虑得是否全面、时机是否成熟。另外，如果已经决定要跟领导沟通，要提前跟领导短信或微信确认好沟通时间，避免打扰领导正常工作，干扰领导对自己诉求的响应。

43. 不会跟领导打招呼，怎么办？

参考场景：小新是刚入职不久的新员工，遇到不认识的领导不知道怎么打招呼。他该怎么办？

参考意见：跟领导打招呼，本质上是为了表达对领导的尊重；也是期待通过打招呼，给领导留下好的印象，逐步建立跟领导之间的“链接”。小新初入职场，不懂职场的“规矩”“方法”，不知道如何跟领导打招呼很正常。

（1）正视畏惧的表现。适度的畏惧是必要的，说明对领导心存敬畏，代表期望给领导留下好印象，但过度的畏惧也是没有必要的。要克服畏惧心理，把领导当作一个平常人对待。领导是“过来人”，能设身处地地理解新人，因此小新完全没必要担心。

（2）采用合适的方法。打招呼要主动，采用口头或身体语言；遇到领导切忌低头、侧身无视。用口头语言打招呼，如果不知道姓名职务可以说“领导好”，如果知道姓名职务可以说“某某领导好”；用身体语言打招呼，可以给领导一个微笑或者一个点头。打完招呼，要等待领导微笑、点头或者口头语言回复，不要一打完招呼就低头、侧身。如果打招呼领导没有回复，一般是没有听到或看到我们的招呼，也不要太在意，下次继续即可。

44. 面对领导压力大，怎么办？

参考场景： 小新是一名新员工，最近被领导批评了，感觉自己的工作没有得到认可，害怕被再次批评，做事很谨小慎微，面对领导时心理压力很大。他该怎么办？

参考意见： 哪有新人不犯错，对于小新，目前最重要的是调整好心态。小新要认识到，新员工被批评很正常，有错误才能有进步，怕的是一直错也没人指出，平白浪费了大好时光。

（1）同样的错误不犯两次。找出问题所在，抓紧落实改进，确保以后不犯同样的错误。连续犯同样的错，就是态度问题，要不得。要利用好犯错纠错的成果，举一反三，避免犯其他类似的错误。

（2）区分自己到底错在哪。有领导愿意指出自己的错是好事，怕的是没人管，放任自流，全靠自己悟，成长的路就会变长变慢。如果是态度问题，必须高度重视，要及时调整好；如果是能力问题，要加强学习，尽快提升到位。

（3）主动寻求领导的反馈。我们做工作时，不要害怕跟领导沟通，多交流能更好领会领导意图，更好保证预期目标的达成；多沟通也有助于与领导建立良好的上下级关系。反之，如果因为不敢交流而导致理解有误，很可能变得出力不讨好，甚至把事情弄糟搞砸。

（4）端正对犯错误的认识。职场新人的优势在于年轻，有时间试错，也有时间改正，即使错了也不必过于纠结，重要的是认真反思、及时改正。做事要胆大心细，大胆设想，小心求证。要有工作的责任心和精益求精之心，不能因为被批评而谨小慎微。此外，不要因为受批评而影响心情，工作不是全部，小新要做的就是尽心尽力、问心无愧！

45. 害怕跟领导面对面交流，怎么办？

参考场景： 因为工作原因，小新时不时需要当面向领导汇报，每次他都要花很长时间做心理建设，汇报过程也总是很紧张。他该怎么办？

参考意见： 学会和领导交流沟通十分必要，对于个人职业更好发展也非常必要。对于年轻员工，要珍惜当面向领导汇报的机会，充分展示自身的职业素养和能力水平，也为领导提供全面、准确、精简的信息和参考。

（1）备好课，想清楚自己要说什么。把握好交流的主题和重点，提前梳理逻辑、组织语言，必要的时候形成汇报的文字稿，避免啰哩啰嗦半天讲不清楚重点，避免紧张忘词。如果需向领导提问，应准备一至两个答案供领导参考；如果需让领导决策，应准备至少两个方案供领导选择。多让领导做选择题，尽量避免让领导做问答题。

（2）提前思考，延伸准备工作。提前准备与交流主题相关的工作背景、信息数据，知其然，还要知其所以然。这个习惯更有助于清晰地讲清楚自己面对的问题，也便于回答领导的提问。领导往往不仅就事论事，还会问一些相关情况，因此充分准备非常重要，不能一问三不知，也不能不懂装懂。

（3）调整心态，保持良好状态。和领导交流时要保持平常心，恭敬诚恳。不要太紧张，过于唯唯诺诺；也不要太松散，过于大大咧咧。必要时，可以在汇报前做一些能让自己放松心情的准备活动。

（4）注重细节，做个有心人。带上记录本，领导讲话时专注倾听，及时回应，做好记录；不要打断领导讲话，待领导讲完后再进行解释；如果想法和领导不一致，先肯定领导的意见，用“您看这样行不行……”等较委婉的句式说出自己的观点。

46. 被批评后有点瞻前顾后，怎么办?

参考场景：小新被领导批评了，感觉自己没有得到认可，又害怕再次被批评，因此做事畏首畏尾。如果要调整，他该怎么办?

参考意见：批评有善意和恶意之分，职场中绝大多数的批评是善意的，善意的批评是员工成长和前进的动力。只要我们尽心尽力、兢兢业业，就能坦然面对领导善意的批评；只要我们虚心接受批评、用心琢磨领导意图、努力改进完善，始终保持对待学习认真刻苦、对待工作履职尽责、对待同事友善坦诚，就一定能得到领导和同事的肯定和认可。

（1）学会接受批评。工作中尤其是在新岗位或面对新领导时，被批评很正常。我们要认识到批评是高质量的反馈，领导批评是对我们的关心，对个人成长和工作推进都是好事。最怕的是没人管，放任自流，全靠自己悟，个人的成长之路就会变得漫长。

（2）分清批评原因。分清楚领导批评的是工作态度还是业务能力。如果是工作态度，要按照领导指出的不足之处，有针对性地及时调整；如果是业务能力，还要分清是分析解决问题的能力、具体业务的执行能力还是请示汇报方面的问题，准确分析原因，确保改进到位。

47. 不知道什么时候该汇报，怎么办？

参考场景： 小新经常需要向领导汇报工作，但是他不知道应该什么时候汇报好，担心汇报多了领导嫌烦、汇报少了领导不满意。他该怎么办？

参考意见： 及时汇报工作，可以便于领导及时了解工作进展、做到心中有数、一切尽在掌握中，确保对工作的“掌控感”。

小新在判断什么时候该汇报、什么时候不该汇报时，主要把握的原则是区分工作难易度。简单任务，完成即报告，如不满足要求，立行立改，完成即复。复杂任务，接受任务时充分了解任务内容、时间节点及具体细节，领会意图，不清楚即时请示确认；过程中利用例会、专题会、周报月报以及当面汇报、微信汇报等形式及时报告进展（具体采用哪一种或几种形式，可根据团队惯常做法、领导个人习惯以及汇报便利程度等确定），主要包括即时性汇报（出现重要异常情况、执行产生重大偏差、面临重要决策、取得重要成果等）、周期性汇报（项目执行过程中的定期汇报）、阶段性汇报（具有里程碑意义的节点等），有疑问进一步请示、确认。

48. 与领导产生分歧，怎么办？

参考场景：小新经常需要当面向领导汇报工作，有时候领导提出的不同意见小新觉得不可行。遇到这种情况，他该怎么办？

参考意见：工作中有分歧很正常，关键是怎么处理好这种分歧。

（1）正视分歧。领导和小新知识技能、工作经验、人生阅历等都不相同，又站在不同的层面、不同的角度看问题，工作中有分歧，是正常现象。

（2）正确处理。小新要学会带着准备跟领导交流，力争通过事前的沟通、启发，把自己的思路变成领导的意志，形成共同的观念，提前化解分歧。在具体事项的分歧上，首要原则是服从领导，毕竟做事需要对领导负责；其次看领导和自己谁在这个分歧点上更具有发言权，如果领导专业性更高、更熟悉情况，小新可以做些补充的提醒；如果小新专业性更高、更熟悉具体情况，可以适当做些争取。但是如果领导坚持，小新只能保留自己的意见，按领导的决定去落实。

49. 上级意见不一致，怎么办？

参考场景：小新作为一名新员工，工作中偶尔遇到针对同一件任务，不同的上级领导提出不同的要求，有时要求甚至相悖。遇到这种情况，他该怎么办？

参考意见：这个问题比较棘手，也很敏感，需要慎重对待。如果处理不当，不但工作不容易做好，还可能会在不经意间得罪了上级，给自己的职场发展蒙上阴影。

（1）遵照明规则。面对这种分歧，一般的规则是紧紧顺着自己的“责任链”向上负责。首先服从自己直接负责的上级领导，如果领导的意见不落实，那连参与此事的机会都没有，或者即使参与了也不会有太好的结果；其次尊重直接上级领导的上级领导，其虽然不能直接考核自己，但是可以左右直接上级领导的考核结果；最后才是照顾其他上级领导的意见。

（2）留意潜规则。学会区分分歧背后的真相，确认是业务认知上的分歧还是人际关系上的斗争。如果单纯是业务认知上的分歧，尽量通过当“传声筒”，甚至促成双方面对面沟通，推动逐步达成共识。如果夹带着人际关系上的斗争，他们之间不能坦诚交流、就事论事，那就尽量少表态、少当“传声筒”，更不能选边站队。适当的时候，委婉表露出自己作为一个执行者的为难之处，将问题和决策交还给领导们商量定夺。

50. 怎么努力都得不到认可，怎么办?

参考场景: 工作中，小新遇到了无论如何努力都不喜欢自己的领导，但又不得不在他的领导下工作。他该怎么办?

参考意见:

（1）了解领导想法。多次努力未果时，首要目标是弄清楚领导不喜欢自己的原因，这样才能根据原因对症下药。小新要多思考让领导对自己改观的方法或措施，再去努力改变领导对自身的观感。

（2）学会判断成因。如果领导对小新是个人成见、个人恩怨，要积极主动想办法化解；如果是个人性格、情绪原因，可以通过调整改善心态，纠正错误习惯，争取拿回关系的主动权。

（3）调整心态环境。如若确实无法调和自己和领导之间的关系，可以根据实际情况，向上级申请更换岗位，换个工作环境。

51. 跟年长的同事共事遇到困难，怎么办？

参考场景：小新是一名年轻的一线管理人员，身边的同事年龄都比他大，推进某些工作时，经常“请不动”“推不动”，小新感到很头痛。他该怎么办？

参考意见：老同事工作配合与否，直接影响整个团队的氛围和士气。如果老同事不配合，除了直接影响工作成效外，对身边年轻人的成长很不利。对小新来说，遇到这样的问题跟遇到业务上的问题，处理方法基本相同。

（1）弄清楚老同事“请不动”的原因。一是单位的原因。老同事在“新员工”阶段也曾经积极学习，为单位做贡献。以前的“新员工”变成了现在的“老员工”，智力、体力在下降，接受新生事物的积极性和接受能力下降，单位是否给予了老员工足够的尊重和关心？二是老同事自身的原因。老同事自身是否采取足够的努力来适应新的变化、改变自己、满足单位的要求，还是躺在过去的功劳簿上不思进取？三是小新的原因。小新的品行、学识、才干是否令老同事信服？小新是否对老同事足够尊重？这些都是非常重要的方面。

（2）根据具体原因针对性解决问题。一是调整好自身心态。凡事都有个接受过程，老同事在配合年轻管理者之初往往都会有抵触情绪，这是正常现象，我们要接受老同事“有情绪”，做更多的心理准备，学会理解、学会适应。“欲戴王冠，必承其重”，管理人员的身份赋予了沉甸甸的责任和使命，也提出了更高的要求，处理“请不动”“推不动”的情况是历练协调能力的好机会。学会用自己的人格魅力去感染老同事，在加班加点、急难险重等工作中，不计得失、不争荣誉，保持正直、有涵养、勤奋、努力，慢慢会得到他们的认可。二是给予足够的尊重。在程序上尊重，在研究制订方案、计划、措施、对策时，尽可能邀请相关的老同事参与，提升他们的“参与感”，同时也发挥他们的知识、经验、资源为任务提供一定的帮助。在能力上尊重，给老同事分配工作时，要充分识别他们的能力项、意愿度，尽可能分配他们愿意干、能干好的任务，提升他们的“成就感”。在激励上尊重，运用福利保障、团建活动、荣誉奖励等方式，适当给予能匹配其贡献的回报，提升他们的“获得感”。三是处理好特殊情况。遇到特别不配合、自身处理不了的情况时，及时向领导汇报请教，发挥领导的作用去更好地解决。遇到极端特例，实在处理不了，也不用刻意去应对，做必要的忽视，集中精力和资源做更重要的事。

52. 配合不好导致工作延期，怎么办?

参考场景： 小新的工作需要其他业务单位配合，但对方总是不能按时完成，导致小新的工作也随之延期，该怎么办?

参考意见： 该项工作对小新来说属于主责，压力很大，应该放在重要位置来深入研究解决和推进，而对配合单位来说属于次责，非重要工作，因此投入不多，仅根据需要配合推进。小新遇到的这类问题可以用一个著名的模型——“福格行为模型”来分析，这个模型的公式是“B（行为）=M（动机）A（能力）P（提示）”。意思是说，一个行为B的发生需要动机M、能力A和提示P同时发生。这家业务单位未能按时完成配合小新的任务，即配合的行为未发生，那就要从配合的动机M、配合的能力A和驱动其配合的提示P三个方面找原因。

首先，分析最容易的提示P。如果事前、事中我们都能不厌其烦，主动做好必要的提醒，督促其把此项工作纳入日程，准备配套资源并按我们的节奏推进，提示到位，对方的配合工作能否按期完成?我们在推进工作时，如果能充分做好提示，会解决大部分配合问题。

其次，分析对方完成配合工作的能力A。对方不能按时完成配合工作，是业务能力欠缺，是所需资源不够，是小新没有给其预留足够的完成时间，还是小新没有主动提前告知配合事项导致对方日程已无法安排此项工作?小新在物色配合单位时，要事先判别对方是否有这个业务能力；在安排配合任务时，要主动提前告知以便对方安排日程、协调所需资源，要给对方合理的时间去完成任务。

最后，分析对方完成配合工作的动机 M。如果对方按时完成配合任务，是否有相应的奖励措施；如果对方不能按时完成任务，是否有相应的处罚措施。任何组织和个人都是趋利避害的，如果小新在设计配合机制时，能同时明确配套的激励措施，会有效激励对方去更好地推进配合事项。这种激励措施，可以根据双方关系和配合事项重要程度，从名和利两个方面去考虑。当然，还有一种情况，就是小新要反思，本单位和小新本人在配合对方工作方面做得怎样，这也是对方配合自己动机很重要的一方面。

53. 与性格不合的同事相处，怎么办？

参考场景：小新对身边个别同事的做法，看不惯又不敢说太多，还想和谐相处。他该怎么办？

参考意见：很多事情会经历“忍受—接受—享受”过程。改变别人不可能，可以改变自己，并影响他人发生改变。

（1）努力提升情商。情商达到一定水平，跟绝大多数人都能很好相处。小新可以试着把这类同事当作锻炼自己、提高自身情商的训练对象，这样可能会立刻改变对他们的态度。

（2）避免排斥心理。从心底千万不要排斥、抗拒对方，一旦心理抗拒，那就很难沟通、相处。如果同事邋遢，自己可以适当地整理下办公场所的公共环境；还可以给工位放个简单的书架、收纳盒之类的“隔断”，以起到隔开的作用。

（3）主动发现优点。试着发现这类同事的优点、闪光点，或者值得自己学习的地方，这样在相处时心理上就不会那么抵触。

（4）不要勉强为之。最后，也没有必要为了和谐相处而刻意为之，即使和部分同事保持面上过得去的关系也不是坏事。

54. 寻求帮助却不被理睬，怎么办？

参考场景：小新已工作两年，业务逐渐繁忙，想请新进的师弟师妹帮忙，却得不到理睬，心理不平衡。他该怎么办？

参考意见：

（1）帮助是一种情分，不可强求。小新手中的工作忙不过来，希望得到师弟师妹的帮助，可以理解。但是作为职场中独立、平等的个体，每个人都有明确的“责任田”，都有自己要完成的工作任务。如果领导没有明确指示师弟师妹配合小新，那么，主动帮助小新是情分，因为种种原因不帮也是本分。帮助这个词，本身就蕴含了自愿和感恩的成分，因此在尊重自我意愿的前提下，帮不帮都无可厚非。

（2）以平等、尊重、关爱、真诚的态度对待每一位同事。作为更早入职的“老”员工，小新专业能力更强，工作经验更多，在工作领域的话语权和影响力更大。在这种情况下，更要尊重更年轻的新人，站在平等的立场，做到积极沟通、主动关心、谦逊大度，形成更加良好的人际关系、更加和谐的工作氛围。要相信付出必有回报，师弟师妹们感受到真诚，也必然会真诚以待。

（3）提升个人能力，形成聚合效力。职场中，所有人都愿意向“高能者”靠拢，特别是对于自我意识很强的年轻人来说，言传的力量远远不如身教。小新可以用踏实的工作作风、出色的能力和情商征服师弟师妹，形成自己的聚合力。

55. 同事不配合工作，怎么办？

参考场景： 小新经常遇到同事“踢皮球”或不配合。他该怎么办？

参考意见： 要避免或减少同事“踢皮球”、不配合，需要很高的沟通能力。小新在协调时既要讲究语言艺术，又要做到灵活应变。

（1）讲究语言艺术。语言是协调的重要媒介和基本载体，协调能否顺利，语言艺术是关键。要发挥好语言在协调中的作用，除加强语言修养外，在应用中还要注意三点。一是区别对象。需要区别对象选择适宜的说辞，要根据协调对象的地位、职业、经历、文化素养和性格特点等，采取不同的表达方式。如果不管对方是谁，都用一种方法去说服，就很难顺利达到协调的目的。二是注意态度。协调要慎用指令性语言，多用商量的口气，即使传达上级的指示、转达领导交办的事项，也不要口气太硬。在一般协调场合，更要注意语言平和、态度随和。三是把握分寸。语言基调应该多用征询口气，多用“建议”“是不是”“可不可以”等征询色彩的语言，但又不能放弃原则。

（2）做到灵活应变。在应用中还要注意两点，一是因人而异。根据不同人的不同特点，有针对性地进行协调。一般来说，协调时对老同事要尊敬，对小同事要和蔼；对熟悉的同事可以随便一些，对不熟悉的同事要正规、谨慎一些；对工作积极主动的，要充分信任，不可层层加码；对工作比较拖拉的，要经常提醒，加强督促。

二是因事而异。不同的事情要用不同的方式。对大家普遍关心的问题，应公开处理，通常影响到多大范围，就在多大范围内处理；对不宜公开的事情，如协调人事关系等，应运用个别协调的方式，范围越小，效果越好；对涉及多个部门的具体问题，采取现场办公的协调方式比较好。必要的时候，可以把领导搬出来，请领导出面协调。

56. 同事爱制造麻烦，怎么办？

参考场景： 小新身边有一位爱制造麻烦、爱说闲话的同事，想不理睬却无法避免，这位同事还是领导面前的“红人”，又善于“团结他人”。他该怎么办？

参考意见： 人的一生总会遇到让自己烦心的“真小人”和“伪君子”，相比之下，与“真小人”打交道简单，最怕遇到“伪君子”。小新是“相对幸运的”，他遇到了一位“真小人”。

（1）退一步海阔天空。面对“真小人”，你越是纠缠，他就越疯狂，如果一味地和他计较，消耗的其实是自己。相信爱制造麻烦、爱说闲话等拙劣的“表演”也会被周围其他人讨厌，只是其他人心态更平和，不气恼，冷眼看他表演，又不想让他难堪。可以安慰自己，“其实这样的人值得怜悯，就当自己做好事吧”。

（2）反思自己做事是否也存在不妥之处。判断一下周围的大多数人是不是真跟他团结，如果大多数人认可他，那你要反思自己是不是不合群，或者是你没意识到的某个因素“惹”了他。最好在身边人（包含领导层）中，找一位自己信得过的，跟他谈谈自己的困惑，寻求他的指导帮助。

57. 同事负面评价，怎么办？

参考场景：小新一心想与人为善，特别在意同事的看法，当同事对自己有负面评价时，会感到困惑、烦恼。他该怎么办？

参考意见：在乎别人的评价说明对自己有高要求，这是好事。过于在意就会花时间揣摩别人的想法、猜测别人的评价，当自己的认知和他人的评价不那么一致时，内心就会不舒服。

（1）不要过分猜测和揣摩。孔子和颜回探讨，沟通看似两个人在说话，其实是六个人在说话：你以为的你、真实的你、他以为的你；真实的他、你以为的他、他以为的他。其实，大多数时候每个人都很忙，没有时间和精力太多关注你，更多的只是自己以为……

（2）直接请教、真诚沟通。与其花心思猜不如集中精力做自己的事。然后在某个事件引发的契机或某个合适的场合，直接以新人的身份，带着谦虚、真诚的态度请对方给予评价和指导，直接、简单、高效。

58. 由于学历低领导不交办重要工作，怎么办？

参考场景： 小新是一名普通高校的本科生，和他在一起工作的新同事大半是“985”“211”大学毕业的，不少还是研究生。小新感觉到，领导在安排工作时，总是将难度不大、比较简单的工作分配给他，让他感觉受到了歧视。加之他个子不高、长相一般，人际交往中不自信，感到同事言语之间或多或少对他也有歧视。他该怎么办？

参考意见： 学历不过硬、相貌平平，在职场中有可能引起别人的轻视甚至歧视，这是正常现象，我们要正确对待，更要通过科学的方法去扭转这种局面。

（1）能力是一切的基础。学历只是过往学习和能力的表现，过去不如人已经没法改变，重要的是现在和未来。打铁必须自身硬，我们要改变现状，赶上别人甚至超越别人，就要在专业上多下功夫，可以聚焦一到两个业务上的切入点，深耕细作，提高自身分析事物、解决问题的硬能力。“一好遮百丑”，一两个方面超越了，别人对你的认可度就会显著提升，自己的职场竞争力会相应提高，自信也就会慢慢提升起来。

（2）做好自己更重要。领导不交办重要的工作，自己要多反思，除了能力之外，工作的态度、责任心、工匠精神和成果交付质量也很重要。外貌很难改变，但是气质可以改变和提高，平时多读书读好书，增加自己的学识，通过阳光开朗的性格、优雅的谈吐以及博学的知识弥补不足，也可以多看看脱口秀，增加幽默感，增强自身的人格魅力。同时，注重自己衣着的干净整洁，培养健康的生活方式。

（3）把握展现的机会。积极主动、认真负责，把交办的小事做到极致，让别人改变对你的认知。在自己有专长的领域，充分学习、储备和延展，利用展现的机会让别人眼前一亮。在一些活动或会议上发言时，提前准备好内容，适当演练发言过程，突出自己的知识、能力和观点，让别人“看见”。

59. 感觉自己被排挤了，怎么办？

参考场景：小新来自外省，性格比较耿直，刚开始跟同事们相处不错。加上他学习能力强，领导对他越发重视。后来小新发现大家一起聊天，看见他过来，大家就突然不讲话了，有时同事们出去聚餐也不叫他，单位里有什么消息他也是最后才知道的，感觉自己被排挤了。他该怎么办？

参考意见：被同事孤立排挤的时候，首先要找到问题的症结所在，对症下药。

（1）自我反省，先从自身找原因，是不是自己身上出了什么问题。做人之道，当小心谨慎、谦而又谦，尤其职场环境和学校“象牙塔”大不相同。比如，在工作中受到领导重视和肯定，自己是否不够低调，就算有成绩也不能沾沾自喜。树大招风、枪打出头鸟，性格耿直不等于有话直说。平时要多与人为善，说话注意分寸，不戳别人痛处，在其他人面前给别人留足面子，万事不做绝，“凡事留一线、日后好相见”。

（2）学会示弱，把优越感留给同事。优秀的人总会遭人嫉妒，因此我们要学会示弱，多考虑别人的感受。每个人都希望获得认可，就算自己能力再强，也要虚心听取同事意见，经常向同事请教，让同事感受到被尊重、被需要，把优越感留给同事。千万不能处处炫耀自己，这样会引起公愤。

（3）触碰底线，主动反击。有时不是主动示好、一味忍让就能解决，遇到原则问题要有自己的底线，必须强硬不退让。真正的回击就是不断提升自己的实力。当你真正强大了，你会发现身边全是好人，努力变强，不是为了欺负别人，而是不让别人来欺负自己。

（4）调整心态，不妄自菲薄。被嫉妒和被孤立在一定程度上说明你自己足够优秀，很多优秀的人其实自带一种压迫的气场，没人愿意总是被别人衬托得一无是处。同时，在日常相处中可以有意识地表达对他人的善意，不卑不亢，好相处就多相处，不好相处就少相处。和同事之间共事，不要总想着相处成怎样的朋友，而是以办好自己的任务和提升自我为最终目标。

60. 想听懂同事的话外音，怎么办？

参考场景：小新入职后发现，之前在学校更关注逻辑思维且有话直说，同事们却经常话里有话，自己常常理解错误造成尴尬。他该怎么办？

参考意见：“话里有话”难免让人觉得累，但也不全是坏事。与说假话、不会说话不同，话外音通常跟面子有关，怕话说太直接让听者难堪，没有太多恶意，还有可能是“会说话”的表现。

（1）要察言观色，加以联想。要理解对方的良苦用心，在对方说出来的内容之外，考虑到更严重的量级。

比如对方说“希望你怎么怎么”，可以理解为你有某个缺点。再如，对方用几个形容词夸你了几个特点，你就要想他没提到的关键词，那可能是他心目中你的缺点。

（2）学会用验证法来确认信息。可以在听、悟之外，用“验证”提高自己听“话外音”的能力。比如可以幽默、自嘲式地告诉对方，“你太顾及我面子了，我知道我自己的缺点是……”这时，对方的语言和神情会立刻给你答案。

第 3 章

生活篇

61. 平衡不好生活和工作，怎么办？

参考场景：小新已经成立了自己的小家庭，平时工作经常忙得脚不沾地，加班也多，加上孩子年纪小又经常生病，爱人工作也忙，他经常感到心力交瘁、疲于应付。小新想平衡好家庭与工作的关系，该怎么办？

参考意见：一个人的时间和精力总是有限的，在工作上花多了，花在家庭的自然就会减少。我们一方面期待在工作上更多实现自己的价值，获得更好地发展，取得更多的报酬；另一方面又因为工作忙，忽略了对孩子、对家庭的关心照顾，自己觉得亏欠难受，心力交瘁。作为职场人是在工作中实现自我价值，还是在家庭中体现自我价值，取决于我们对待工作和家庭的价值观，以及对这两者重要性的分配。无论是对家人还是对领导，都需要合适的应对态度与技巧，这是处理好家庭和工作之间平衡的重要因素。

（1）尽可能做到两者兼顾。首先，尽可能优化工作安排，包括日程安排、资源调配等等，做到能不影响家庭的尽量不影响家庭，能少影响家庭的尽量少影响家庭；其次，尽可能优化家庭分工，比如兼顾各自长处、时间精力，优化夫妻双方在承担家庭事务上的分工，有条件的还可以请双方老人来帮忙承担一些基础性事务，分担夫妻双方的压力；再次，尽可能减少不必要的应酬和消遣，工作之余多陪伴陪伴家人，特别是尽量提高陪伴的质量，尤其是在陪伴老人和孩子方面，高质量、全身心的短时间陪伴，要远胜于低质量、三心二意的长时间应付，不要给自己留下遗憾。

（2）不能兼顾时适当做必要的取舍。工作和家庭无法完全平衡，需要根据自己的价值观做适当的取舍，当然这些取舍应该是在很好地完成岗位工作的基础上的。如果选择偏向工作，那就要适当牺牲对家庭的照顾，可以说服配偶将多点时间放在家庭上。如果选择偏向家庭，可以婉转地向组织汇报自己的想法和家庭的实际情况，建议领导将本职岗位额外的工作更多安排给其他同事，减轻自己的工作负荷。当然，适当的加班加点也是需要的，突发临时性任务是常事，为单位分忧解难是每个员工应尽的义务。

62. 自己很忙但有的同事工作却不饱满，怎么办？

参考场景：小新入职已经一年，每天工作都很忙，但部门有的同事却很悠闲，他感觉心理失衡，该怎么办？

参考意见：新员工经验浅、能力弱，职场心智不够成熟，业务技能和工作水平都有待提升，需要慢慢锻炼，直到“量变产生质变”的那一天，才能委以重任。领导在安排工作时，常常会多安排些工作给新人，既是想发挥年轻人精力充沛、敢想敢冲的优势，也是想让新人通过大量工作磨炼，尽快成长起来，最终能独当一面。另外，新人比老人“好用”，这可能也是领导喜欢多用新人的一个原因。

（1）抓紧时间提升自己。工作前 5 年主要是打基础阶段，小新工作刚起步，处于职业发展的适应阶段，职业技能和业务知识都需要大量储备和实践，如果这个阶段把握不好，后续就不容易达到自己客观上所能达到的职业成就高度；待储备到一定阶段，才能逐步进入到成长成才的快车道。

（2）调整好心态。要多向先进学习、看齐，努力上进，少与后进较劲。“三人行必有我师”，小新也可以找合适的机会向不那么忙的同事请教，看看是否有什么提高工作效率的方法可以值得借鉴。

63. 怎么努力也赶不上，怎么办?

参考场景: 小新是外地人，入职三年一直很用心、很努力，但是每每和家在本地的同事一比，他总会有莫名的挫败感，觉得别人有房有车，自己无论怎么努力都赶不上。他该怎么办?

参考意见: 俗话说，“人比人气死人”。这句话的意思是教导我们少和别人比，一个人再厉害、再富裕，总归还有比他更厉害、更富裕的，如果这样比下去，就永远有落差，永远没有幸福感可言。另一句话说，“比上不足，比下有余”，意思是要客观地认知自身已有的资源、条件，不盲目与他人攀比，享受当下，知足常乐。

（1）承认与身边同事的客观差距。不要比，因为世界上没有绝对的公平。人与人的区别从出生时就有了，正因为有这样的现状，才倒逼我们不得不通过后天的努力填补差距。每一个人出生的起跑线不同，成长的家庭环境不同，接受的教育也不同。有人一出生就甩我们“好几条街”。面对差距，有人选择认命，有人选择奋进，奋进的人通过努力闯出自己想要的一片天地。

读书是突破阶层壁垒代价最小的途径，小新通过努力读书，才有了和其他人一样的工作平台、工作机会。我们能做的是通过自己不懈的努力，在成就自身价值的同时，成为自己孩子将来的背景和资源。网上有句话说的很现实，“人家几代人的努力积累凭什么让你苦读十年就超越了？”我们不可能轻易超越，但是我们可以通过努力去缩小这个差距。泄气只会让差距越来越大，因此我们不能泄气，要继续努力奋斗！

（2）持续努力提升自己。我们要比，更多地与过去的自己比。通过持续努力，获得不断进步，促进自己的成就感，提高幸福指数，提高自己的能力与价值。工作上，始终保持高昂的工作激情，努力使自己成为专业上的行家里手，甚至专家人才，提升自身价值，让自己变成“稀缺资源”。学习上，多读经典给自己充电，提升自己的知识储备，提升自己看问题、分析判断的能力和水平，丰盈自己的精神世界，尤其在心情低落时能找到一丝慰藉，坚定前进的信心。生活上，培养积极乐观的心态，学会开导自己，学会放过自己；学会兼顾当下和“诗与远方”，学会享受生活，学会通过生活调适自己的身心。

64. 不想参加团建，怎么办？

参考场景：小新有点内向，不喜欢参加团建活动，他认为参加团建活动和工作干得好坏没有关系。入职欢迎会安排每一个新员工展示自己的特长，可以唱歌、跳舞、朗诵、演小品等，在小新看来就是上去“出洋相”的，后来的团建活动他都不想参加。他该怎么办？

参考意见：团队建设（简称“团建”）是指为了实现团队绩效及产出最大化而进行的一系列结构设计及人员激励等团队优化行为，其本质目的是增进团队成员之间的相互了解、相互连接、相互信任、坦诚相对，促进团队更加有效的沟通和合作。团建的形式有很多种，我们平时所说的“团建”，搞一些文体、休闲活动，更多是指狭义上的团建。

（1）认识团建的意义。在职场上，每个员工都需要与别人合作，在“享受”别人服务的同时也服务别人，谁都不能脱离团队或者游离于团队之外完全独立地工作、学习和生活。对入职之初的小新来说，更需要通过各种团建活动展示自己、了解团队、服务团队、连接团队、融入团队。团建也是我们正常的社交需要，一天 24 小时，除去睡眠，我们大部分有效时间和同事在一起，良好的同事关系、合作关系，有助于提升工作的质效，同时也会愉悦我们的身心，让我们更好地享受工作带来的喜悦。

（2）找到适合自己的方式。团队中有各种角色，每个团队成员都有适合和不适合、喜欢和不喜欢、愿意和不愿意的方式，小新要做的，就是通过自己的方式，扮演好适合自己的角色。比如，如果不喜欢在台前唱歌、跳舞、朗诵、演小品，也可以通过在后台参与策划、控制灯光音响，在台下搞好团建服务工作等多种方式参与团建，服务并融入团队。那种感觉团建与自己无关、不想不愿意参加、完全把自己置身事外的想法和行为要不得。

65. 团建活动太多，怎么办？

参考场景： 刚入职时，为了展示和挑战自己，小新发挥长处，承担了一些活动的主持工作，打出了名气。于是很多团建活动的组织、主持、策划都纷纷找上门，近期单位团组织又请他担任一个项目的发布人。小新本身业务繁忙，还兼做部门安排的一些配合事项，已经有点应接不暇。他觉得这样下去没有精力干专业，与入职前几年潜心钻研业务的设想背道而驰，拒绝又怕得罪人。他该怎么办？

参考意见： 年轻人需要潜心钻研业务，这是自己在职场立足和发展的基础，和展示、挑战自己本质上并不冲突。做精做专本职工作是分内事，参与主持活动是锦上添花，是亮点、加分项。在踏踏实实做好专业的同时，小新需要时不时露露脸，让大家看到自己、熟悉自己，感知到自己的价值。当然，人的时间、精力是有限的，同时开展多项任务，肯定会顾此失彼，影响本职工作的开展，因此小新需要谨慎接受任务、科学安排时间，尽可能达成相辅相成、相互促进的作用，尽量不造成相互影响、什么都没干好的不良后果。

（1）谨慎接受任务。接受任务要量力而行，围绕组织需要和自身发展规划、主要职责、个人兴趣点等，做适当取舍。如果确实是组织需要，又无人可以替代的情况下，要尽可能排除困难，展现自己的担当。如果是自身发展规划、主要职责和个人兴趣点之内的事，原则上只要时间精力够用，能接则接，毕竟多一次机会就多一种可能。如果时间精力不够用，可以按如下规则做些取舍、拒绝和协调：

首先看事情委托方（包括委托方背后的关注者）的地位孰高孰低，这个不用回避，职场首先服从和满足更高级别、更重要的任务，这也符合要事优先原则；其次看先后顺序，如果差不多平级，那就优先完成先接手的任务，先来后到是普遍认可的原则；最后，不管是谁安排工作，在评估自身能否接活之后，都要请对方跟自己的领导打好招呼，领导同意你才能接。职场最忌讳绕过领导私下接活，会里外不是人，累死累活大家还都不满意。

（2）科学安排时间。在时间、精力的安排上，主要还是使用“时间管理四象限”，把任务按照重要性和紧迫性进行排序，有序推进，忙而不乱。如果自己的团建工作能为部门带来一些额外的收益，小新也可以主动找部门领导做些沟通，看看能不能减少一些部门内的配合事项，让自己可以有更多的精力做好主业和团建工作。

66. 不会组织团建活动，怎么办？

参考场景： 每年年中或岁末年初，部门就会组织一次团建活动，这次活动安排小新和另外一个新员工组织策划，他俩不知道如何组织、策划一个走心的团建活动，能获得同事的欢迎、领导的满意。他该怎么办？

参考意见： 总体来说，团建的意义，对领导而言，是打造团队的凝聚力、向心力，达到一群人、一件事、一条心的效果；对员工而言，希望通过团建展示自我、熟悉同事、开阔视野，让身心放松、让疲劳得到缓解。

（1）事前做好充分准备。推荐使用 8W3H1O 模型，由大到小、由浅入深，细化明确和落实本次团建活动的各个细节，做到无死角、无漏洞，思路清晰，细节也能比较周全地兼顾。8W3H1O 模型主要包括确认本次活动的具体目的（Why）、为谁服务（For Whom）、大概什么时候开展（When）、计划的地点（Where）、准备花多少费用（How Much）、用多长时间（How Long）等，以便有针对性地进行活动策划；根据活动目的，通过外部市场调研和内部需求征集，提出具体的活动项目建议（What）；设计活动怎么开展的流程（How）；细化活动的细节，包括每一个节点的时间（When）、地点（Where）、顺序（Which）、负责人（Who），相关人员的协调（About Whom），其他事项（Other）等等。确保通知到位、各方准备措施落实到位、衔接有序。为了确保无遗漏，可以通过"衔接清单"的形式，统筹组织者、配合者、参与者之间的信息对称和衔接配合。

比如，确定预算，花多少钱办多大事，预算标准可以为后续所有事项定下主基调；明确目的，常见的选择有增强团队凝聚力（拓展训练、团队游戏、团队培训等）、娱乐放松（聚餐、唱歌、沙滩戏水、户外烧烤等）；确定形式，确定具体活动内容，确定人（包括哪些人去、性别、年龄等，需注意不同年龄层喜好差异较大），确定事（玩什么、活动顺序安排等），确定时（什么时间去、去多久、什么时间回，团建活动尽量别选节假日或周末），确定地（去哪里、怎么去，出行交通工具、住宿规模、餐饮要求等，团建地点最好交通方便）。提前准备好活动中需要的各种物料（如道具等）、车辆（集合时间和停靠点），活动流程安排提前告知参与人员以留足个人准备时间，成立微信群，方便沟通协调（便于适时通报情况，告知车辆、集合地点等相关事项）。

（2）事中抓好衔接落实。团建活动，愉悦感大于活动实质，组织者要照顾每一位参与者的心情，因地制宜、因人制宜，尽可能通过多种形式调动大家情绪，让大家开心、放松。注意抓拍活动中的人和事，留下精彩的瞬间。

（3）事后做好宣传总结。活动结束后，可以通过编发活动图文报道、精彩瞬间集锦甚至制作专门的活动纪念册、纪念小视频等方式，发酵、升华活动成效。通过复盘、总结，提升活动组织的经验，形成下一次活动的参照范例。

67. 团建活动参与度不高，怎么办？

参考场景： 小新协助领导负责部门团建工作，每次在团建活动时都感觉大家积极性不高，要改变这种状况，他该怎么办？

参考意见： 促成团建参与行为的发生，底层逻辑可以应用“福格行为模型”，从动机（M）、能力（A）和提示（P）三个方面下功夫。

（1）激发动机。首先尽可能让伙伴们愿意参与，比如通过宣传团建的底层逻辑、本质目的，激发部门同事积极参与团建活动的内生动机；尽量采取更多人喜欢的内容和形式。其次通过利益或惩罚来驱动，比如给积极参与的伙伴准备小礼品，增加活动吸引力；对不积极甚至不参与活动的伙伴，在团队规则框架内以适当方式予以体现。最后通过氛围调动和吸引更多的人参与。

（2）提升能力。设法从时间、费用、体力、脑力、日程等方面排除伙伴们参与团建活动可能存在的障碍，提高他们参与团建活动的能力。一次团建活动，对参与者来说，投入的时间越少，参与的可能性越大；投入的费用开销越小，参与的可能性越大；对参与者体力和脑力的要求越低，比如承担的角色是自己喜欢的甚至擅长的，参与的可能性越大；最后，团建活动的举办，与参与者的其他日程冲突越小，参与的可能性越大。

（3）提示到位。没有提示，相应的行为就不会发生，做好提示，可以从三个方面着手：首先是“人物提示”，可以是小新自己，也可以请部门领导，在部门会议或者非正式场合，经常性提及团建工作的重要意义和对伙伴们参与团建活动的要求与期待；其次是“情境提示”，在部门网站、公众号、办公场所、微信工作群等可能的“环境”，提示团建活动的相关安排；最后是“行动提示”，比如，有组织地将每年春节后上班的第一周设定为“学习周”，有组织地将每周三下午设定为“学习日”，有组织地每年举行新年团拜活动等，都是找到一些固定的“锚点”，设定相应的团建活动。

68. 团队想测试酒量，怎么办？

参考场景：小新入职培训结束后到部门报到，同事们都很热情，给小新张罗这张罗那，部门负责人也很关心，提了很多建议和希望，让小新非常感动。部门准备这两天给小新接风，顺便“打个耐压”，测试下酒量。他该怎么办？

参考意见：中国是个人情社会，饮酒是职场表达人情的重要方式之一。对初入职场的小新来说，第一场酒很重要，这是自己在饮酒方面的第一印象。饮酒的原则是“始终如一”，切忌“前后不一”，如果有时候说自己可以喝一点，有时候说自己不能喝，很容易得罪人，会让别人觉得你不喝酒是不给面子。因此，入职第一顿酒是给自己的职业生涯“打样”，要想清楚。职场饮酒，要学会保护自己，建议的处理原则是“能不喝尽量不喝，能少喝尽量少喝，实在要喝不能喝多”。喝多了，自身的安全和健康都有风险；喝多失态，容易做出一些让人啼笑皆非的事情，成为大家茶余饭后的谈资，对个人来说也会有很多不良影响。

（1）建议酒量还可以的男生，量力而行。和部门同事、领导喝酒，尽量不要把自己喝醉，领导可以喝醉，说不定需要送他回家。在酒桌上尽量低调，不做酒桌上的主角，更不能说喝酒的大话，避免自己成为别人劝酒的对象。如果团队有把新人“喝吐”的传统，那只有事先安排好喝醉之后的事宜，包括自己的住址、拜托哪个同事送自己回家。毕竟，只有喝醉了才会被大家更好地接纳，也会成为将来笑谈的话题。

（2）建议酒量一般的男生，保护好自己。喝酒前适当吃点东西保护肠胃，尽可能选择适合自己的酒的种类，喝酒的时候多喝水以加速酒精的分解和排泄。过程中主动端茶倒酒，感觉自己快要喝到上限时，适当学会拒绝，或者找个合适的理由挡一挡、躲一躲、缓一缓。实在没法推却，就喝给他们看，用自己的醉换取对方的接纳。

（3）建议职场女生不喝酒。女生在酒桌上完全可以拒绝喝酒，女生喝酒一是容易失态，二是带来危险，可以找一些喝酒过敏之类的借口推脱。

69. 不喜欢饮酒但需要经常应酬，怎么办?

参考场景: 因为工作的缘故，小新经常代表单位参加各种应酬，每次应酬都要喝酒。小新酒量还可以，但是从内心来说他并不喜欢喝酒，尤其是不喜欢跟不大熟悉的人在一起。他该怎么办?

参考意见: 应酬不一定需要喝酒，但中国确实是酒文化大国，很多事情可以在酒桌上拍板敲定，不少人脉关系也是通过酒局拓展的。如果自己确实有点酒量，可以适当喝一些。要学会“多说话少喝酒”的本事，饭局的核心是“敬”，而不是酒，祝酒词花哨一点、说话诚恳一点，让对方多喝，自己少喝。要根据现场气氛，适当地制造喝酒的“点”，敬酒时，多说真诚的话。

建议阅读一两本在饭局上怎样说话的书籍，多看看脱口秀类的节目，锻炼好口才，再配合自己的酒量，一定能够在应酬时游刃有余。

70. 工作需要饮酒但酒量小，怎么办？

参考场景：小新的工作需要与不同的客户打交道，但小新对酒的承受力比较差，不喝酒又显得格格不入，破坏饭局氛围。他该怎么办？

参考意见：在正常的交际中，总要去酒局应付一下，如果实在不能喝，又抛不开面子，可以采取以下做法：

（1）喝酒前垫一垫，先吃一点打底，喝酒不容易醉。

（2）选择度数低的酒，这样不容易喝醉，即使醉了醒酒也快。

（3）喝酒时勤喝水，一口酒一口水，加速酒精分解。

（4）尽量低调少话，不主动出击，不吸引别人注意。

（5）掌握节奏，不一下子喝得太猛，不喝混酒。

（6）察言观色，远离想灌自己酒的人。

（7）准确定位，领导和客户才是饭局的主角，服务好主角是配角的首要任务。

71. 被人恶意劝酒，怎么办？

参考场景： 公司与客户洽谈业务，谈得不错，达成了不少项目的合作意向。晚上公司设宴招待客户，席间客户领导说跟小新很有缘，老是找小新喝酒。小新该怎么办？

参考意见： 这种应酬对公司来说应该比较重要，小新要尽可能不因为自己的原因造成对方不快。当然，前提是确保自己安全、不喝多，状态可控。如果自己酒量本来就不行，最好的办法就是尽量低调，不要太活跃，少说话，降低自己的存在感，这样不容易被别人当作目标。万一被别人盯上了，只好量力而行，实在扛不过就趴在桌子上装睡认输；或者去洗手间吐一下，主动认输求饶。

72. 恋人异地了，怎么办？

参考场景：毕业时，小新选择回家乡工作，热恋两年的恋人留在了上学的城市，他俩开始了甜蜜又苦涩的异地时光。两个城市高铁三个小时，说近不近，说远不远，正常周末可以相聚，偶尔两个人都忙了就好几周都见不着。这两年疫情此起彼伏，他俩最长时间有大半年没聚。小新该怎么办？

参考意见：处理异地恋的底层逻辑是怎么处理好恋人之间的向心力和离心力。对小新他们来说，向心力主要是两个人之间的感情基础、了解和信任；离心力主要是距离引起的维持感情所需要的陪伴不足、各种外部的诱惑，以及对未来的信心缺失。异地恋与非异地恋最重要的区别，在于异地恋的人不能够随时面对面，无论是电话、微信还是视频联系，都属于低质量交流，不安全感加上深深的孤独感，会给人很大的离心力。向心力和离心力的关系，决定了小新能不能从恋爱走进婚姻、婚姻能不能持续下去。

（1）共同研判定决策。恋爱和婚姻是两个人的事，因此需要小新和他的恋人更加理智地进行共同研判，看看要不要继续走下去。继续走下去肯定需要一方做出一些牺牲，如果谁也不愿牺牲，那就没有继续下去的意义，还不如早点分手，各自重新去寻找属于自己的幸福。

隔开两个人的不是物理距离，而是由于时空带来的心理距离，如果察觉到感情越来越淡，换工作等现实问题又不能妥善解决，双方都不愿为对方牺牲，那么建议果断放手，久拖无意义，及时止损对双方来说更好。

（2）共同商议定方案。如果决定继续往下走，那就要协商后续怎么走，比如以谁的城市为根据地构建家庭。最好的方法是其中一个人做一些牺牲，放弃现有的工作，到对方所在城市生活和发展，这样才能从根本上解决问题。

如果决定一起走下去，就要给予对方充分的信任，同时也要高标准高要求约束自身的行为，要有“已有伴侣”的自觉，和其他异性之间保持清晰的边界，这是一个双向奔赴的过程。同时，还要给予对方更多的包容和理解。

73. 没有感情基础的异地恋，怎么办？

参考场景：小新大学把心思用在学业上，没有谈恋爱；工作以后，也一直没有遇见喜欢的人。最近别人介绍了一个外地的女孩，小新觉得条件还不错，想发展发展，唯一纠结的就是不在一个城市。小新该怎么办？

参考意见：处理异地恋的底层逻辑是怎么处理好恋人之间的向心力和离心力。对异地恋人来说，向心力主要是两个人之间的感情基础、了解和信任；离心力主要是距离引起的维持感情所需要的陪伴不足、各种外部的诱惑，以及对未来的信心缺失。恋爱和婚姻都需要有向心力来维系，异地恋两地分居，能够走进婚姻，靠的是恋爱初期建立起来的深厚感情基础，这份感情基础就是日后滋养婚姻的养分。给小新两个建议方案：

（1）处处看看。刚开始恋爱，向心力远大于离心力，这个时候可以着力培养感情，学习怎么与对方相处，如果一段时间下来双方感觉都不错，再考虑以后异地恋和婚姻的问题。

（2）果断放弃。异地恋，两地分居，聚少离多，是最大的感情杀手。如果小新和对方都没有将来到同一个城市生活和发展的打算，还不如早点放手，没有感情基础的异地恋和两地分居，大概率走不远、走不好。

74. 喜欢同事，怎么办？

参考场景：因为工作关系，小新和部门同事接触比较多，身边有一个同事无论是相貌还是性格，都是小新喜欢的那一类。有一天小新发现自己喜欢上了她，恰巧她也是单身。小新该怎么办？

参考意见：最常见结识异性的途径不外乎同学、同事、朋友圈子，工作中结识到异性是不可避免的，朝夕相处，令小新心思暗结，也无可厚非，处理好就行。

（1）建议冷静一段时间，以辨别自己的喜欢是不是真的确定，还是一时兴起、偶然动念。毕竟办公室恋情一旦成功走向婚姻，单位会从有利于团队整体发展角度考虑调开双方的工作岗位；而办公室恋情一旦失败，彼此每天见面尴尬无比，甚至影响团队气氛，这就是办公室恋情要慎重的原因。

（2）如果确信自己是真的喜欢，那就要主动出击。用自己的人格魅力吸引对方，对方对自己的印象不仅仅出自自身，还和自己在团队中的形象地位有很大关系。人都是欣赏优秀的人的，如果小新的口碑很好，同事们对他信赖有加，那目标同事无疑会增加对小新的好感。增加非工作领域和对方接触的机会，主动才能拉近距离，升级关系。

（3）妥善处理好这段感情。如果被对方拒绝，快速调整，不要让生活中的事情影响工作，切记不要死缠烂打，给自己留一点体面，也给对方留有安全空间，不要闹到连同事、朋友都做不成，闹到满城风雨大家都待不下去。如果成功牵手，有一点特别需要注意，恋爱中会出现各种小摩擦，不要把个人情绪带到工作中来，否则对部门和双方个人都会造成不良影响。

75. 身边同事单恋自己，怎么办？

参考场景： 小新单身，参加工作不久感觉到身边的同事喜欢自己，但小新不喜欢她。小新该怎么办？

参考意见： 落花有意，流水无情，这件事虽然很折磨人，但在处理时一定不能拖泥带水。

（1）如果只是感觉，或者间接的了解，并没有实质性的确认，建议小新假装不知，工作和生活尽可能与对方保持距离，不给对方留想象的空间。可以假意和对方聊天，告诉对方自己喜欢什么样的人，暗示喜欢的人并不是对方那种类型的，让对方知难而退。

（2）如果实质性确认对方想与自己进一步发展，小新可以婉拒，给对方留点面子。如果对方还坚持，就必须坚决果断地予以拒绝，不给对方任何机会，避免事态失控。遇到过分的人物，及时请领导或者资深人士出面，敲打、提醒对方主动放手。

在职场，尤其是有家庭以后，男女关系特别要注意分寸，和异性的接触尽可能局限在工作层面，少涉及生活，不涉及感情。人是感性动物，工作之外的聊天交心很容易拉近距离，时间长了难免产生别样的情愫，会造成不必要的麻烦，百害而无一利。

76. 同事介绍领导的孩子跟自己谈恋爱，怎么办？

参考场景： 小新刚入职，同事见他单身，没有征求意见，就擅自做主，介绍了领导的孩子跟他谈恋爱。小新该怎么办？

参考意见： 员工在职场有很多种角色，下属是小新重要的角色之一。在领导手下做事，同事把领导的孩子介绍给自己，确实是一件比较麻烦的事，不过也不用担心，参照如下的建议妥善处理好就行。

（1）没有深入相处。如果见了一次面或者相处很短，一方甚至双方觉得不合适，没有眼缘，那就直接挑明，不要不好意思，切忌拖泥带水。

（2）深入相处。如果双方都觉得挺有眼缘，愿意继续相处，那就当作普通的恋人相处下去，不要有什么压力，毕竟比那些不知根知底的恋爱好多了。经过一段时间相处，如果觉得不合适，该分手就分手，切记不要把恋爱关系带进工作。

77. 生活和工作中有强迫症，怎么办？

参考场景： 小新想改掉自己在平时工作、生活中的一些强迫症。他该怎么办？

参考意见： 医学上认为，强迫症属于焦虑障碍的一种类型，是一组以强迫思维和强迫行为为主要临床表现的神经精神疾病，其特点为有意识的强迫和反强迫并存，一些毫无意义、甚至违背自己意愿的想法或冲动反反复复侵入患者的日常生活。患者虽体验到这些想法或冲动是来源于自身，极力抵抗，但始终无法控制，二者强烈的冲突使其感到巨大的焦虑和痛苦，影响学习工作、人际交往甚至生活起居。

强迫症因其起病早、病程迁延等特点，常对患者社会功能和生活质量造成极大影响，世界卫生组织所做的全球疾病调查中发现，强迫症已成为 15 ~ 44 岁中青年人群中造成疾病负担最重的 20 种疾病之一。另外，患者常出于种种考虑在起病之初未及时就医，一些怕脏、反复洗手的患者可能要在症状严重到无法正常生活工作后才去就诊，起病与初次就诊间可能相隔十年之久，无形中增加了治疗的难度，因此我们应当提高对强迫症的重视，早发现早治疗。

首先需要鉴别正常的重复行为，以免草木皆兵、诊断扩大化。几乎每个人都会有些重复行为或有既定顺序的动作，比如离开家前会反复拉两三次门以确保门关上了；刷牙总是会按照先用左手拿杯子装水，再用右手取牙刷，接着用左手挤牙膏的顺序进行。一般这种习惯行为是为了提高效率，并不让人感到痛苦，也不影响正常生活。

小新如果不能鉴别，应主动咨询专业的医生，确认是真正的强迫症还是正常的重复行为。如果是前者，按照医生的方案积极配合做好治疗；如果是后者，撕下给自己贴的标签，放下思想包袱，用心去享受就好。

78. 生活和工作中有拖延症，怎么办？

参考场景：小新想改掉自己平时工作、生活中的拖延症。他该怎么办？

参考意见：拖延症是指自我调节失败，在能够预料后果有害的情况下，仍然把计划要做的事情往后推迟的一种行为。正常的“拖延症”是一种普遍存在的现象，一项调查显示大约 75% 的大学生认为自己有时拖延，50% 的大学生认为自己一直拖延。严重的拖延症会对个体的身心健康带来消极影响，如出现强烈的自责情绪、负罪感，不断地自我否定、贬低，并伴有焦虑症、抑郁症等心理疾病，一旦出现这种状态，需要引起重视。

研究认为，引发正常“拖延症”主要可能的原因有“环境因素”“任务特征”“个体差异”，相应的“治疗”应该针对这三个方面的具体情况“对症下药”（还有一种解决方法是运用“福格行为模型”进行分析解决，有兴趣的读者可以自己研究研究）：

（1）针对“环境因素”的影响。减少外界的诱惑尤其是娱乐方面的诱惑，提高专注力，从而避免拖延行为的发生。

（2）辨别“任务特征”的作用：

1）针对“任务难度”因素，做好任务分析和分解，化整为零，化繁为简，便于各个击破，持续收获“成就感”。可以根据任务的具体情况和自己的习惯做法，选择从最简单的入手，或者选择从最难的“骨头”啃起。

2）针对“奖惩时限”因素，如果外部不能进行及时的奖赏，我们自己可以根据任务的进展，及时进行自我奖赏和鼓励，减少对任务完成时间的拖延。

3）针对“任务的厌恶程度”因素，对可能令人乏味、产生挫败感和怨恨的任务，克服抗拒心理，迎难而上不回避，早点做完早点放下。

（3）解决“个体差异”的问题，有很多种原因，最常见的就是所谓的“完美主义”，总想着做到最“完美”，因为存在这样或那样的困难无法达到，所以干脆拖着。这个需要解决的主要是心理建设，“没有最好只有更好”“先做起来你就赢了”“先完成再完美”“先有再优”“小步快跑、快速迭代”“先想怎么活下来才有机会想怎么活得更好”等理念，可能会帮到您！

79. 面对职场性骚扰，怎么办？

参考场景：小美是一名入职不久的女员工，她的直接领导是一名已婚的男主管。小美觉得，这位主管总是有意无意地骚扰自己，让她觉得很难受，但又不敢得罪他。小美该怎么办？

参考意见：年轻的女性在职场遇到性骚扰，可以从如下方面来处理：

（1）不要给对方误解。在感觉到对方有骚扰的言辞或行为时，要第一时间给对方明确的信号，不能默默承受，不能模棱两可。如果不抗拒、不拒绝，对方就会变本加厉，更加猖狂；不能表现出表情愉悦或者扭扭捏捏的样子，否则，对方会认为你并不排斥，甚至认为你愿意。应该明确告诉对方，他越界了，他的行为不合适。

（2）不要给对方机会。在确认对方有这样的倾向后，尽可能减少对方行动的机会。比如，沟通工作问题尽可能在工作时间；尽可能避免跟他独处；参加应酬不要饮酒，等等。同时，寻找合适的机会，跳离他的圈子，跟他物理隔断，这是彻底的解决方案。

（3）给予必要的回击。针对这种人渣，我们也不能心慈手软，要做好一定的准备，在必要的时候给予他致命的一击。可以进行必要的手机录音录频或者微信截图，保留证据帮助自己维权；也可以在对方有过分行为时通过夸张的言行引起其他人的注意，让他知道你也“不好惹”，不敢肆意妄为。

（4）做好合适的自己。在职场中，时刻维持自己该有的形象，着装得体，以工作服为主，不穿着与职场不适合的服装。举止得当，落落大方，保持与男性同事的距离和分寸，在与男性同事打交道时，不提超出对方能力范围和工作需要的诉求，不跟男同事撒娇，不跟男同事交流低俗的笑话。

80. 男同事讲荤段子，怎么办？

参考场景：同事们在一起吹牛聊天时，个别男同事总爱讲荤段子，并且越是有女生在场，越讲得起劲，让人觉得俗不可耐。遇到这样的情况，小美该怎么办？

参考意见：首先，调整好心态。在职场不可避免会遇见形形色色的人，不能因为哪个男同事爱讲荤段子就否定他或者排斥他，他也许不能成为生活中的朋友，但是不妨碍他成为一个合格的同事，只要在共事的时候能好好共同完成工作就可以了。对别人大度一些、包容一些，工作之外这个人品行怎样其实你没有立场去评判和指责他，把生活和工作的边界分清楚，自己也会舒坦很多。

其次，保护好自己。在提起这些自己不感兴趣甚至反感的话题时，可以听而不答，不回应他的话，让他觉得无趣，此时不能附和，那样他会更加肆无忌惮。装作玩手机，假装没听见，让他的兴致减弱。可以去一趟卫生间或者出去打个电话等等，借故走开，暂时回避；避开话题，有意把话题引向工作或者时事政治、体育赛事等。适当建议，私下给他一些旁敲侧击的提醒，让他意识到讲荤段子的不好，进而有所改变。

附录一
本书提到的相关概念、模型

1. 底层逻辑

底层逻辑就是事物间的共同点，是不同之中的相同之处、变化背后不变的东西，指从事物的底层、本质出发，寻找解决问题路径的思维方法。

底层逻辑越坚固，解决问题的能力也就越强。学会底层逻辑，能够让我们迅速理清一件事情发生的根本原因，能够让我们在处理问题时找到关键所在。

我们在思考时，要尽可能从本质出发，透过纷繁复杂的现象，看清事物根本属性，看透问题根源，看懂现象背后的底层逻辑。

2. 系统思维

系统思维就是人们运用系统观点，把对象间互相联系的各个方面及其结构和功能进行系统认识的一种思维方法。

简单来说就是对事情全面思考，不只就事论事，把想要达到的结果、实现该结果的过程、过程优化以及对未来的影响等一系列问题作为一个整体系统进行研究。

整体性原则是系统思维方式的核心。客观事物是多方面相互联系、发展变化的有机整体。只有运用系统思维，才能抓住整体，抓住要害，才能不失原则地采取灵活有效的方法处理事务。

3. 结构化思维

结构化思维是以事物的结构为思考对象，来引导思维、表达和解决问题的一种思考方法。

结构化思维把零散、无序的信息，加工成系统、有序的信息，便于我们提高认知、高效工作、正确决策，有助于更好地实现预期的目标。

结构化思维一个最重要的原则是强调分类时做到相互独立、完全穷尽（Mutually Exclusive Collectively Exhaustive, MECE），就是各个要素之间要保证不能有交叉，也不能有遗漏。这个原则帮助我们在分析问题、制订对策时能做到全面、系统地分解，做到条理清晰、内容完整，而不仅仅是简单的枚举，想到什么是什么。

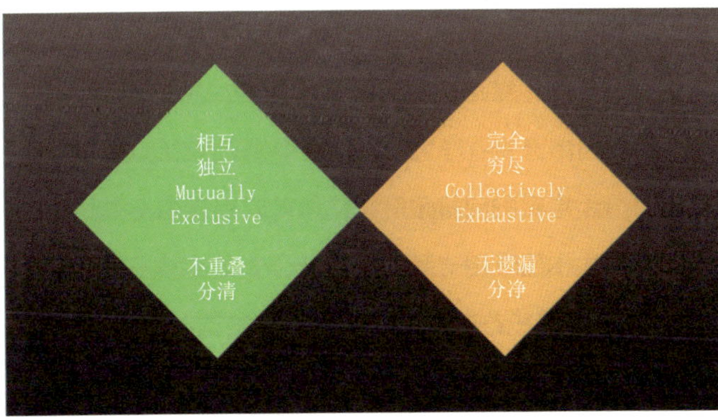

落实 MECE 原则常见的三种方法如下：

（1）二分法。把信息分成 A 和非 A 两个部分。

（2）矩阵法。将二分法运用两次，第一次是一个维度，第二次是另一个维度。时间管理四象限就是典型的矩阵法应用实例。

（3）结构法。把事物拆分为不同的构成部分，可以是从前到后、从上到下、从外到内、从整体到局部，或者按照事物既有物理或逻辑结构等。

4. 福格行为模型

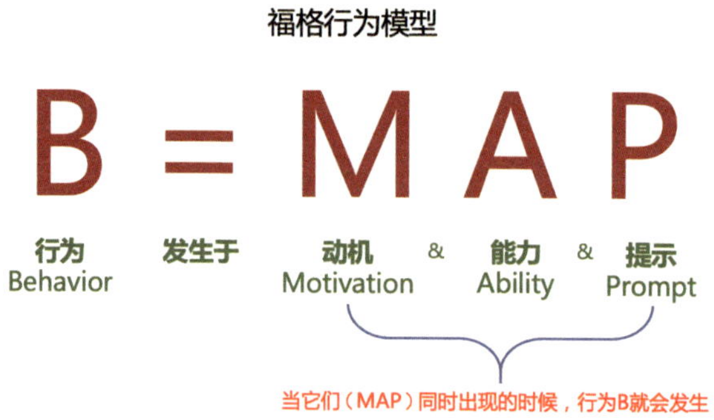

福格行为模型是指：行为的发生，需要动机（Motivation）、能力（Ability）和提示（Prompt）三大要素同时发挥作用。当动机、能力和提示同时出现时，行为（Behavior）就会发生。

其中：动机是做出行为的欲望，能力是做某个行为的执行能力，而提示则是提醒做出行为的信号，三者缺一不可。

这个模型告诉我们，让一个行为能发生、发生好，或者一个行为未发生、发生不好，可以从动机、能力和提示三大要素入手，去进行设计或者进行分析。

5. 三叶草模型

三叶草模型，教我们怎么去识别那些值得优先提升的业务点，主要是找工作需要（有价值、需要做）、能力具备（有能力、可以做）和个人兴趣（有兴趣、想去做）的交集，能力具备可以是当前已经具备了这个能力，也可以是虽然还不具备但是有条件具备这个能力。

如果三个方面的交集找不到，那就找前两个的交集，然后慢慢把这个交集发展成个人兴趣。

6. 压强原理

物体单位面积上受到的压力叫作压强。压强用来表示压力产生的效果，压强越大，压力的作用效果越明显。

在受力面积不变的情况下增加压力或在压力不变的情况下减小受力面积，压强就会增大；在受力面积不变的情况下减小压力或在压力不变的情况下增大受力面积，压强就会减小。

想在业务能力上快速提升，就要增大在业务上的“压强”，可以通过增加精力投入（增加压力），或者聚焦需要提升的业务点（减少受力面积）来实现。精力的增加空间有限，要想让努力形成的压强尽可能大，更多地还是要在切入的点上聚焦再聚焦。

7. 时间管理四象限法则

时间管理四象限法则是一个重要的时间管理方法。该法则将任务按照重要性和紧迫性程度两个维度，划分为重要紧急、重要不紧急、紧急不重要、不重要不紧急等四个象限进行管理。其目标除了帮助管理好时间外，重在引导我们有重点地把主要的精力和时间集中放在处理那些重要不紧急的工作上，这样可以做到未雨绸缪、防患于未然。

时间管理四象限法则要求首先区分什么是重要任务和紧急任务。重要任务是指那些直接有助于目标实现的任务；而紧急任务是那些需要立即处理的任务，否则就会导致不良后果，尽管这些任务可能更多地只是与他人的目标相关。

第一象限（重要紧急）的任务称为危机式任务，这一类的任务具有影响的重大性和时间的紧迫性，无法回避也不能拖延，必须首先处理、优先解决。

第二象限（重要不紧急）的任务称为未来式任务，这一类的任务不具有时间上的紧迫性，容易被人们所忽视。但是它对个人或者组织的生存和发展以及周围环境的建立维护，都具有重大的意义，需要纳入计划有序推进。在第二象限上花的时间越多，在第一象限上花的时间就越少。

第三象限（紧急不重要）的任务称为干扰式任务，涉及的活动价值较低但高度紧急，可以授权给其他人做。这类事件具有很大的欺骗性，很多人会认为紧急的事情都很重要。

第四象限（不重要不紧急）的事项称为娱乐式任务，没有时间的紧迫性，没有任何的重要性。进行这类事情可以当作休养生息，但是一定不能沉溺。尽量少做，尤其工作时间请务必禁止。

重要不紧急型任务好比石块，重要紧急型任务好比碎石，紧急不重要型任务好比细沙，不重要不紧急型任务好比作水。假如我们把有限的时间比作一个大水缸，那么把水缸装满的智慧方法就是先装石块，然后装碎石，再装细沙，最后灌满水。

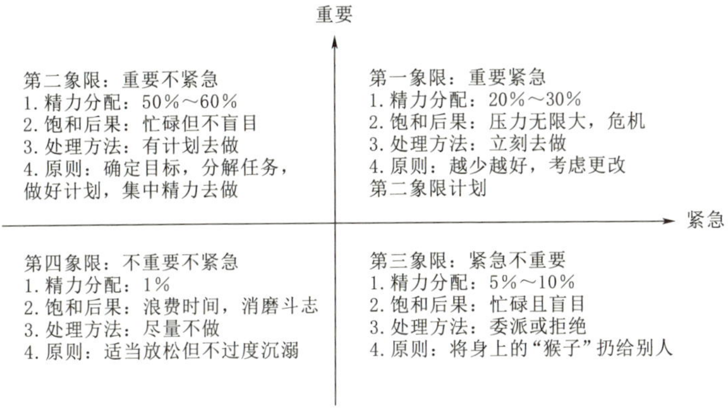

8. 8W3H1O 分析法

8W3H1O 分析法是“职辅宝”团队在 5W2H 模型的基础上创造的一种分析方法。8W3H1O 由 8 个以“W”开头（Why、What、Who、For whom、About whom、When、Where、Which），3 个以“H”开头（How、How long、How much），1 个以“O”开头（Other）的英文单词组成。该方法提供了分析工作的有效架构，从 12 个思考基本点切入，将复杂的问题系统地进行拆解，以帮助我们更好地制定目标、更好地分析任务、更好地制订措施。

该分析法不仅有利于较系统和周密地思考问题，使思维具有条理性，也有利于较为深入地发掘问题，有针对性地提出更多的可行性设想。

尤其是在布置任务、接受任务、交接工作时，可以应用这种分析方法，一项一项地把任务的前因后果、各方面的细节说明白、问清楚，便于任务更好地传递和执行。

Why?	1. 明确了解工作进行的目的及理由
What?	2. 确定要做哪些事项
Who?	3. 明确事情的主体、客体及相关方
For whom ?	
About whom ?	
When?	4. 明确重要的时间节点和期限
Where?	5. 明确各项工作的实施场地
Which?	6. 明确各种选择及各项工作的优先顺序
How?	7. 明确各项行动如何进行，找出问题的真正原因，确定解决问题的重点对策，制订解决问题的行动计划
How long?	8. 明确工作时长是多久
How much?	9. 明确预算成本（人、财、物、时、品牌）是多少
Other?	10. 明确其他应考虑事项

附录二
职场青年读物推荐

1.《初入职场：怎么看 怎么想 怎么办》，胡宏/鲍丽山

该书是本书的姐妹篇，是青年员工职业发展辅导平台“职辅宝”团队的第一部文字作品，是“职（场）校（园）衔接”系列丛书的第一本。

作者团队在系统梳理职场对青年员工，尤其是对新员工在角色转变、自身定位、基本技能方面要求的基础上，创新性地提出“职（场）校（园）衔接”概念，自主开发系列版权课程，并将课程讲义的精华集结出版。

全书分为 3 个章节。第 1 章“初入职场怎么看”引导读者正确认识职场与校园的区别、明确职场角色转换的重要性与方法、认知工作的意义与职场新人所做工作的特点、了解并掌握职场素养的基本内容，从意识层面帮助读者完成从校园到职场的思想过渡，做好成为合格职场人的心理准备。第 2 章“初入职场怎么想”着力从“软实力”层面提升读者思维能力，介绍职场加分思维及常用模型，指导读者培养良好的职场习惯，从思维方式上完成“职校转变”。第 3 章“初入职场怎么干”从“硬实力”层面帮助读者学习职场技能，手把手教会读者如何开展初入职场可能遇到的工作，助力新员工快速上手。

该书既可以作为高校毕业生入职前的学习用书、作为单位新员工入职的培训用书，帮助更多职场新人又好又快实现从校园到职场的转变，迅速成长为一名合格、像样、受欢迎的组织成员；也可以作为职场其他人员手头的“字典”，在需要的时候翻阅，对照该书，查找自身不足与差距，快速弥补、提升。该书还可以作为职场各级干部常用的“手册”，在带队伍、带新人时参考借鉴。

2.《给青年的十二封信》《谈美》《谈修养》，朱光潜

《给青年的十二封信》是著名美学家、文艺理论家、教育家、翻译家朱光潜先生旅欧期间写给国内青年朋友的信，对青少年关心的话题，读书、升学、作文、做人、修身、谈情、爱恋等做了亲切而全面的探讨，劝青少年树立远大理想，眼光要深远，思想要明澈，夯实基础，勿贪图世俗名利。

《谈美》是朱光潜先生建立其早期美学理论体系的重要著作之一。全书从“谈美”“免俗”“人心净化”的目标出发，顺着美从哪里来、美是什么及美的特点这一脉络层层展开，娓娓道来，抒发了这位美学大家的人格理想、审美理想，提出了他的美学研究的理想目标，即“人生的艺术化”，渗透了朱光潜先生对艺术与人生关系的深刻体悟。

《谈修养》是朱光潜先生阐发人生修养途径的著作，以其心理学的专长和思想文化的观察，把握个人心性与社群国族之间的互动，一一道破种种心性的困惑和社会蔽障，引导人生趋往康庄与丰盈。

3.《如何阅读一本书》，莫提默 · J. 艾德勒 / 查尔斯 · 范多伦

每本书的封面之下都有一套自己的骨架，作为一个分析阅读的读者，责任就是要找出这个骨架。一本书出现在面前时，肌肉包着骨头，衣服包裹着肌肉，可说是盛装而来。读者用不着揭开它的外衣或是撕去它的肌肉来得到在柔软表皮下的那套骨架，但是一定要用一双 X 光般的透视眼来看这本书，因为那是了解一本书、掌握其骨架的基础。

不懂阅读的人，初探阅读的人，读这本书可以少走冤枉路。对阅读有所体会的人，读这本书可以有更深的印证和领悟。

4.《结构思考力》，李忠秋

本书的核心理念源自芭芭拉 · 明托的《金字塔原理》，运用更符合中国企业及中国人的特点进行诠释。本书定位于一本金字塔原理通俗版和本土版（案例以中国企业本土案例为主），内容以金字塔原理这一工具的应用为主框架，新增了作者的观点并侧重于从“结构思考”的角度向大众以更通俗的方式传递结构思考力在思考和表达方面的理念和方法。

5.《沟通与写作：语言表达与沟通技能》，王用源

本书是将传统纸质教材与数字化教学资源融为一体的新形态教材，主要讲解学习和工作中不同场合的沟通形式和沟通技能，从沟通的自我认知、心理调适、肢体语言和社交礼仪讲起，进而介绍命题演讲、即兴发言、成果展示、汇报工作、组织会议、考研面试、求职面试，以及职场沟通中的语言表达技能。

为了便于读者学习，本书提供教学大纲、PPT 课件、案例分析、沟通技巧等电子资源，可在人邮教育社区下载。本书可作为普通高等院校通识教育类语言沟通课程的教材，也可作为普通读者自学和训练的参考书。

6.《认知红利》，谢春霖

如何在这个时代脱颖而出？靠努力？别人也可以；靠资源？别人比你多。

本书作者谢春霖说，你只有升级自己的认知，把自己变成和他们不一样的人，你才有机会在这个时代弯道超车！

本书从 6 个维度全面升级你的认知，让你拥有不平凡的思考力：重新理解财富、重新理解自己、重新理解环境、解开大脑封印、思维能力提升、解决所有问题。

这是一本全面升级认知、快速提升脑力的书，作者思维新颖，对人、人性有独到的见解，对认知、思维有重构的逻辑，对效率、财富有独门的办法。阅读本书，是一次脑力激荡之旅，也是一条认知丰盈之路。

7.《平凡的世界》（套装共 3 册），路遥

《平凡的世界》是一部现实主义小说，也是小说化的家族史。作家高度浓缩了中国西北农村的历史变迁过程，作品达到了思想性与艺术性的高度统一，特别是主人公面对困境艰苦奋斗的精神，对今天的读者朋友仍有启迪。

这是一部全景式地表现中国当代城乡社会生活的长篇小说。作

者在近十年广阔背景上，通过复杂的矛盾纠葛，刻画了社会各阶层众多普通人的形象。劳动与爱情、挫折与追求、痛苦与欢乐、日常生活与巨大社会冲突，纷繁地交织在一起，深刻地展示了普通人在大时代历史进程中所走过的艰难曲折的道路。

8.《卓有成效的管理者》，彼得·德鲁克（Peter F. Drucker）

德鲁克在《卓有成效的管理者》中论述了一个管理者如何做到卓有成效。本书的基本观念：对组织负有责任、能影响组织经营成果的人，就是管理者。管理者，就必须卓有成效。卓有成效是可以学会的！如此，一群平凡的人，就做出了不平凡的事。

9.《高效能人士的七个习惯》《第三选择》，史蒂芬·柯维（Stephen R. Covey）

史蒂芬·柯维被《时代周刊》评为“影响美国历史进程的25位人物之一”。其思想和成就，可与拿破仑·希尔、戴尔·卡耐基比肩。

《高效能人士的七个习惯》是一部永恒的畅销书、里程碑式的著作。“七个习惯”指积极主动、以终为始、要事第一、双赢思维、知彼解己、统合综效、不断更新，是基于历久弥新效能原则的个人领导力体系，正在改变着美国、中国等世界各地的企业，其影响力遍及全球所有领域，这种改变甚至可以帮助实现一个国家的强大。

《第三选择》中史蒂芬·柯维提出，每件事都存在第3选择，每个人都有第3选择的能力；要解决最棘手的问题，我们必须彻底改变思路；第3选择不是“听你的”或者“听我的”，而是超越你的或我的方式，设法找到更高明、更好的方法，让双方都能从冲突中找到一条出路。当双方共赢、能够共同创造出一种新局面，才是解决问题的关键。

10.《加速：从拖延到高效》《人生效率手册》《告别演讲恐惧》《张萌分享：青年领导力》，张萌

《加速：从拖延到高效》时间管理专家张萌在书中构建系统的人生加速提升方案，通过“精力”“认知”“思维”“人脉”和“健康”5大助推器，49个人生管理的方法与实践，让人们在快节奏的生存环境下，能够平衡工作生活、洞察未来风险、快速实现自我迭代。

《人生效率手册》是张萌送给青年人的成长加速器。在时间上拎得清的人，少奋斗十年。书中作者通过亲身实践，提出自我管理体系的四大模型：时间管理、目标管理、效率管理、健康管理，指导青年人如何通过输入，即知识技能来源的四类场景——阅读、以人为师计划、课程与会议，以及行走的力量，最终实现正确输出——写作、演讲及实践能力。在职场少走弯路，掌握正确的方法。每天效率提高一点点，构建职场硬本领，你就能收获更好的人生。

《告别演讲恐惧》从心理学的角度帮助读者认识演讲恐惧的深层因素，提供了一系列有效的改善方法和应对措施。从克服恐惧，到建立自信；从跨越心理障碍，到提升演讲技能；从向优秀者学习，到建立自己的演讲风格。作者通过具体事例和浅显道理，并结合自己的亲身经历，帮助演讲“菜鸟”们完成从起步到精彩演讲的跨越。

《张萌分享：青年领导力》是对青年领导力理论及实践的梳理、总结与凝练概括而成的一部专著。全书包括五个章节：领导人与追

随者、青年领导力的自我管理、团队管理、榜样与引领、开创未来，从这五部分对青年领导力实践进行全面概括与阐释。书中引用了大量国内外发人深省的史料、国际咨讯、与青年成长发展相关的案例等，紧密围绕青年领导力这一核心论点进行深刻讨论分享。

11.《深度工作》，卡尔·纽波特（Cal Newport）

《深度工作》作者、麻省理工学院计算机博士卡尔·纽波特，创立深度工作概念，其含义为在无干扰的状态下进行专注的职业活动，使个人的认知能力达到极限。而正因为当前社会深度工作能力的日益稀缺，其与经济成功的关系也变得日渐紧密起来。

本书的所有讨论也围绕深度工作而展开，全书共分为两部分：在第一部分中，作者从神经科学、心理学、哲学等角度，客观地分析了在新经济形势下实现深度工作的重要性。第二部分则系统地传授了在日常生活中践行深度工作的具体策略，如将深度工作纳入日常工作进程，提高大脑的深度思维能力，远离社交网络等。

作者还强调，深度工作不是一项过时的技能，而是将人们从技术垄断导致的精神异化状态中解救出来的良药。在当前这个以网络为中心的浮浅信息时代，倡导深度工作无异于呼唤一种匠人精神的回归。

12.《关键对话》，科里·帕特森（Kerry Patterson）/ 约瑟夫·格雷尼（Joseph Grenny）/ 罗恩·麦克米兰（Ron McMillan）

当你遇到一些糟糕的情况时，你是沉默以对，还是尖刻批评，抑或拍案而起？别觉得灰心丧气，因为大部分人都和你一样，在面对难以解决却又会对生活产生重大影响的“关键时刻”，不是张口结舌不知如何应对，就是以强硬的方式解决，却在对方心里留下不愉快的阴影。

《关键对话》将帮助你以四两拨千斤的方式，利用各种沟通技巧，解决生活中难以应对的各种难题，成就无往不利的事业并拥有更快乐的人生。

本书详细剖析了人们在沟通上常见的盲点，并提供了许多立竿见影的谈话、倾听、行动技巧，辅以丰富的对话情境和轻松幽默的小故事，帮助读者以最迅速的方式掌握这些技巧，让你说得切中要点，说得圆满得体。

13.《学习力：颠覆职场学习的高效方法》，王世民

有很多要学的内容，但工作忙得没时间学，怎么办？

工作了很多年，但知识支离破碎不成体系，怎么办？

想转行，但又缺少工作必需的知识和技能，怎么办？

《学习力：颠覆职场学习的高效方法》给你一套适合你的职场学习方法，帮你搭建系统的个人知识体系。这本书很详细地介绍了系统学习的策略和技巧，包括三大策略：功利性学习、搭建框架、做到可迁移；五大技巧：搜索、阅读、理解、积累、应用。让你轻松学会各种技能，在短时间内实现岗位能力提升，快速适应一份新工作，或者转入一个新行业。

14.《成长：从校园到职场》，谢耘

《成长：从校园到职场》从认识自我写起，用极具亲和力的语言

讲述了青年人如何加强性格修养、提高自身素质、适应从校园到职场的转变。书中既有作者少年时代的经历，也有多年职场奋斗的感悟，作者将其娓娓道来，帮助年轻读者在纷繁的社会浪潮中迈向更成熟、更成功的人生。

这是一本讲解文明、价值、哲学等深奥话题的图书，一些观点会让你大开眼界，更加理性客观地去认识中西方文明的本质差异。原以为虚幻缥缈的价值导向，其实也有着本质上的客观规律。不管你是学生或职场人或单位领导，都需要有自己的核心价值体系，秉着良心、梦想两个原则，修炼心灵。

15.《细节决定成败》，汪中求

本书作者汪中求在担任 CEO 的三年时间里，将视野从专注营销转向整个企业经营管理的动作。作者以大量案例论述了“细节”在管理中的重要性。

这本书意在提示企业乃至社会各界，精细化管理时代已经到来。芸芸众生能做大事的实在太少，多数人的多数情况总还只能做一些具体的事、琐碎的事、单调的事，也许过于平淡，也许鸡毛蒜皮，但这就是工作，是生活，是成就大事不可缺少的基础。中国绝不缺少雄韬伟略的战略家，缺少的是精益求精的执行者。

16.《秘书工作手记》，像玉的石头（李珣）

本书凝聚了一个从业多年、仍战斗在办公室工作一线的小秘书的实践经验总结和理论思考成果。它不是以往或粗制滥造、或板着面孔、或不说真话的职场书，而是敢于揭露职场真相的真实手记。

它说真话，告诉你职场到底有什么规矩：你不经常找领导汇报，领导就是不高兴；你写文章不懂得研究借鉴，就是写不好；你老在微信上问“在吗”，别人就是讨厌你。职场规矩就是这样，你看清楚了，就能绕开雷区。

它说人话，用口语化的、轻快活泼的字句来组织文章。坚决杜绝四六句、对仗句，坚决抛弃“一要二要三要”的俗套，怎么想的就怎么写，怎么做的就怎么写，怎么直观好懂生动就怎么写。

它想真切而直白地告诉你，身在职场，如何得到领导和同事的认可，如何培养办公室工作人员素养，如何在办公室搞好沟通，如何写好公文，如何安排好宴请，如何组织好会议，如何高效办公。

办公室工作看上去全是繁琐和重复，但想要做好它，想要实现作为大机器中一颗小零件的自身价值，只能靠我们用一种“匠人”的心态和精神去琢磨、去学习、去思考、去精进，最终把手头平淡无奇的活计做成一门手艺。

17.《职场动物进化手册》，雾满拦江

《职场动物进化手册》里到处乱窜的是一群似曾相识的“动物”。在他们身上我们看到了自己的影子、同事的影子、主管的影子、老板的影子。正是通过他们，作者创造了一种全新的“职场性格模型”。我们可以利用这个模型，来认清自己，也看清别人在职场中的位置和角色，从而炼就一副火眼金睛。这本书给我们的，不是一面易碎的镜子，而是一把钥匙，去开启那扇曾经紧闭的职业成功之门；或者说是一根绳索，帮职场新人从职场的泥潭中脱身出来。

18.《见识》，吴军

《见识》是硅谷投资人、国家文津图书奖得主吴军博士首部认知升级类著作，吴军老师认为，与其他外部资源或者个人因素相比，个人的成就首先取决于“见识”。因此在书中，他将自己的经历，以及身边那些时代先行者的经验，以鲜明睿智的方式阐述出来，为你提供一个与众不同的、值得深度思考地看待世界、看待问题的视角。

19.《请停止无效努力》，孙圈圈

没有什么天赋异禀，成功源于持续有效的努力。停止无效努力，让你的付出有所成就。这本书可以帮助努力很久依旧没有成功的人，找到正确的努力方向，让人生少走弯路。

很多时候，我们不是不努力，只是没找到正确的努力方法。本书从发掘天赋、提升能力、选择平台、回归自己等几大方面详细阐述了努力的正确模式。书里所讲的关于努力的方法与思路可以用来分析我们生活、学习和工作中遇到的大多数问题。

书中提供的科学以及便于实践的工具与方法，都通过形象生动的思维导图展现出来。结合每篇文章的后续练习好好实践，最终将会彻底颠覆一个人过去的思维认知，从而让工作和人生发生巨大的变化。

20.《每天懂一点行为心理学》，匠英一

这本书内容不多，花一两个小时就能翻完。适合初入办公室的职场人。

办公室说到底是做人的工作，和人打交道。如何更好地理解他

人？如何更清晰地认识自己？人们日常的行为模式背后，隐藏着怎么样的心理？这些行为又体现了一个人什么样的性格？在这几个问题上，阅读这本书能够对我们提供比较多的帮助。

本书中介绍的内容，有很多是由心理学家通过观察人们日常生活中的各种模式化行为，分析其特点和共性而总结出的一些结论。在行为心理学中，有很大一部分内容是在研究人的肢体语言，特别是无意中表露出来的那部分由潜意识引起的动作。相对于可以有意识去控制的语言，心理学家认为，这些无意行为代表了人的潜意识，所以更加真实地展现了当事人的心理，也更加可信。

21.《99% 的新人，没用心做好的 50 件事》，岩濑大辅

99% 的新人初入职场都会困惑，应该提交 100 分的工作成果，还是只需提交 50 分的工作成果？如何组织一次会议？琐碎、机械的工作里蕴藏着什么机会？在十几年的职场生涯中，作者几经辗转，可每次都是职场中的佼佼者，为什么？因为，不管职场环境如何改变，作者心中坚守的信念不变，一直支撑着他迈向成功。

这就是《99% 的新人，没用心做好的 50 件事》将为大家介绍的职场三原则：接手的工作一定要完成；即使只有 50 分也不要紧，赶快提交上来；没有无聊的工作。

《99% 的新人，没用心做好的 50 件事》作者基于他总结的职场三原则，从方方面面为大家介绍了 50 个职场指南，它们将陪伴你的职场生涯，做你永远的指南针。改变你的工作态度，改变你的工作方法，让你看到不一样的世界。

附录三
常用实用工具推荐

随着网络技术愈加发达，越来越多的便捷化工具进入了我们的视野。工具在我们的工作中逐渐变得随处可见，我们也越来越依赖这些工具：

画思维导图会想到 XMind；

画流程图会想到 ProcessOn；

在线文档编辑会想到金山；

微信文章排版会想到各种编辑器；

……

工具已经融入到我们工作的方方面面，从基础的文档编写，到各种流程图、原型图、思维导图的绘制，甚至很多工作习惯的养成都需要使用工具。

然而很多职场萌新刚入职场并不了解工具，在花了很多时间做基础工作之后才恍然大悟，原来通过工具可以帮自己节省最少一半的时间。

职场工具实用性之强、适用性之广，在职场中，各种优秀的职场工具都应该被充分运用。接下来推荐的实用且便捷的职场工具，可以帮助大家拓宽学习途径，提高学习效率，在起跑线上快人一步。（各类平台、工具的截图、简介都源自其官方网站或 APP 界面）

一、学习平台类

1. 得到

“得到”的用户群体在不断壮大。很多知识从业者，早上做的第一件事就是打开“得到”APP。“得到”中的内容基本都是音频，可以不受环境约束，随时萃取知识。内容更是包罗万象，是提升软实力、加深阅识的利器。

2. 喜马拉雅

和“得到”相比，“喜马拉雅”更为去中心化，内容也比“得到”更为丰富，但鱼龙混杂的资源导致其内容质量参差不齐。建议只听免费内容，或者跟着比较熟悉的大神。

3. 简书

“简书”是读、写一体的平台，读者亦是作者。在这种机制下，很多人会在“简书”上贡献一些公共媒体获取不到的干货。比如，当你考虑是否要买一门很贵的课程时，就可以先在“简书”上搜索一下，会有一些听过课程的人写些感触。这不但能降低你的试错成本，而且遇到一个认真的作者，你可能连学费都省了。

4. 哔哩哔哩（B 站）

“B 站”早已成为年轻人学习的渠道，早在 2018 年，就有超过 2000 万人在“B 站”学习。“B 站”上有很多高效学习和职场攻略相关的视频，只需简单的关键字就可以搜索出来。

5. 慕课

“中国大学MOOC（慕课）”是国内优质的中文MOOC学习平台，由爱课程网携手网易云课堂打造。“慕课”能让每一个有提升愿望的用户能够学到中国知名高校的课程，并获得认证。

6. 网易公开课

“网易公开课”上几乎没有收费的内容，而且都是国外及国内大学的系统性课程，也包括TED中的精彩演讲，可以方便你系统地学习某个学科的知识。

7. 网易云课堂

“网易云课堂”相比“网易公开课”更倾向于技能，而非知识。其内容涉及实用软件、IT 与互联网、外语学习、生活家居、兴趣爱好、职场技能、金融管理、考试认证、中小学、亲子教育等十余大门类。

8. 百度传课

“百度传课”内容涵盖了中小学、职场、技能、生活等各个领域。与“网易云课堂”有些类似，但“百度传课”有 Live 直播课和线下课，课程内容总量要少于“网易云课堂”。

9. 腾讯课堂

“腾讯课堂”作为国内最大的在线职业教育平台，一端连接有学习需求的用户，一端连接有好内容的教育机构或老师，聚合 IT 互联网、设计创作、兴趣生活、语言留学等多领域的职业教育课程，下设职业培训、公务员考试、托福雅思、考证考级、英语口语、中小学教育等众多在线学习精品课程，打造老师在线上课教学、学生及时互动学习的课堂，帮助广大学员提升职业和就业技能。

10. 我要自学网

“我要自学网”是由电脑培训学校和职业高校的老师联手创立的一个视频教学网，网站里的视频教程均由经验丰富的在职老师原创录制，内含各类职业相关的技能，有文秘文员、会计、广告人员、设计师、程序员等多种职业的学习规划指导，同时提供各类贴心服务，非常适合职场新人学习。

二、技能提升类

1.Word 联盟

“Word 联盟”是办公室软件必备的学习网站，可以在线学习 Word、Excel、PPT、WPS 等 Office 办公软件应用。网站主要从软件技术教程等文章、入门实例操作等视频教程这两个方面给上班族提供学习办公软件的应用。

2.Excel Home

“Excel Home”是全球极具影响力的 Excel 资源网站之一，是华人 Excel 用户的网上家园。广大 Excel 用户可以通过其论坛进行技术交流、问题探讨，并且还有很多资源性文件共享。

3. 锐普 PPT 论坛

“锐普”是中国最大的原创 PPT 素材站，有中国最强的 PPT 制作团队，有人人都能快速提升的 PPT 培训，以不同于传统的 PPT 制作模式，创造全新的 PPT 体验。

4. 吾道幻灯片

“吾道幻灯片”是一款全新的 office 生产力工具，支持演示文稿、PPT 模板、协同办公，可以帮助用户轻松创建具有视觉吸引力的幻灯片。同时，作为一款办公软件，“吾道”具备了简洁、易用、功能强大的特点，并通过云端技术实现在线编辑设计，让分享过程更加方便、高效。

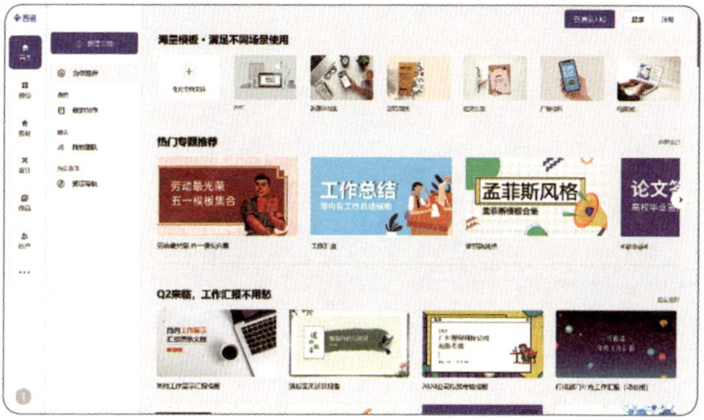

5.MindMaster

MindMaster 有一个很大的思维导图社区，里面有超过 10 万份专业作品，包含了很多职场干货。以书来举例子，1 张思维导图就是 1 本书的读书笔记，10 万张思维导图就是 10 万本书，比一般图书馆藏书都多。而且这些学习内容都是经过创作者自行整理和总结过的，全是精华中的精华。

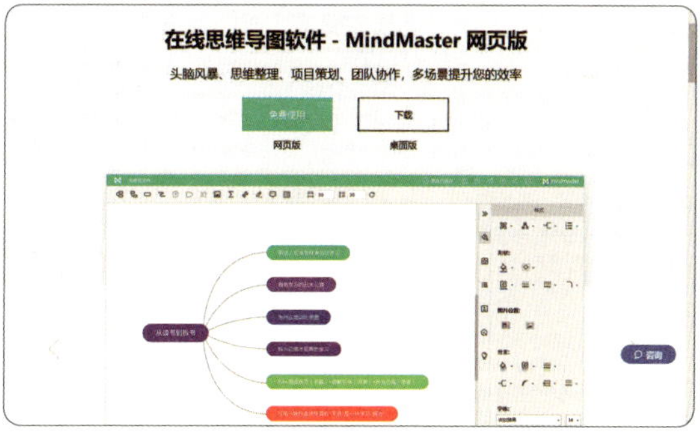

MindMaster 的创作者就像老师一样，早就把专业知识的重点都划好了。我们通过浏览思维导图，可以省去很多无效阅读和低效学习的时间，很适合忙碌的职场人。

三、常用便捷工具

1. Everything

Everything 超级文件搜索软件是速度最快的文件搜索软件，可以瞬间搜索到你需要的文件。它体积小巧、免安装、免费、速度极快，且使用非常少的系统资源，就能达到惊异的速度。

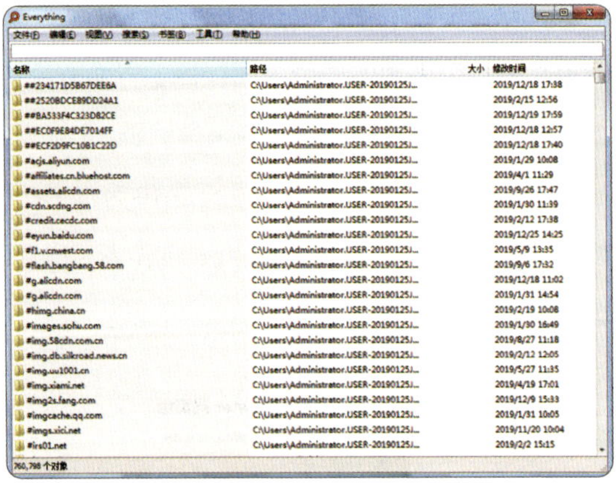

2.XMind

XMind 是一款简单好用的思维导图软件，可以帮助我们整理思路，从每一个点出发，不断发散，让思考更全面。它除了可以轻松绘制基本逻辑图，还支持组织结构图。

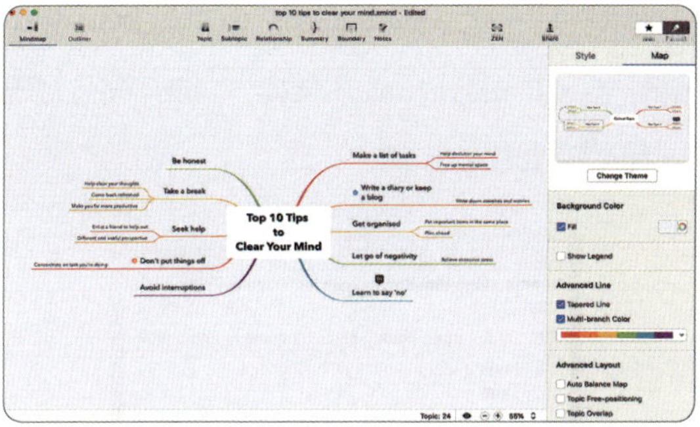

3. 扫描全能王

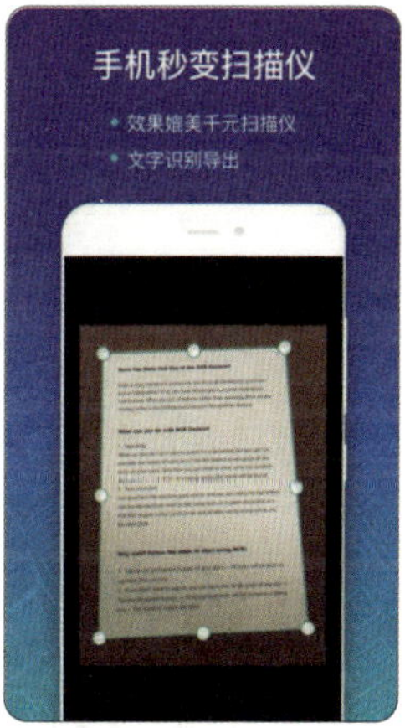

“扫描全能王”是一款可以帮助用户方便快速记录文档、数据以及笔记的软件，是一款移动的智能掌上扫描仪，提供最智能的文档管理方案，能让你随时随心编辑文档，进行文字识别、文档识别、图片扫描，同时它还是在线 pdf 转器，提供 pdf 转 word、word 转 pdf、图片转 pdf 等服务，集扫描、编辑、管理于一体，快速同步，时时分享，有效沟通。

4. 天若 OCR 文字识别

OCR 即光学字符识别，是一种能将图片中的文字识别转换为可编辑文本的技术。比如当我们想复制一段扫描版 pdf 或者图片里的文字时，一般情况下只能手打输入，但使用 OCR 就可以自动识别图中文字，能节省许多时间精力。

“天若 OCR”是一款 Windows 端的 OCR 文字识别软件，别具特色地将截图与 OCR 相结合，使用便捷，功能丰富，对于工作和学术来说是一大效率利器。

5. 火绒

“火绒”是一款小巧实用的免费杀毒软件，页面干净利落、没有广告，最重要的是它有很强大的弹窗广告屏蔽功能，能帮助解决弹窗垃圾信息过多带来的烦恼。